城市轨道交通专业技能培训教材

机电设备管理与维护

中 铁 通 轨 道 运 营 有 限 公 司
温州市铁路与轨道交通投资集团有限公司运营分公司 编著

中国铁道出版社有限公司

2022年·北京

内 容 简 介

本书为"城市轨道交通专业技能培训教材"系列图书之一。全书共 5 章,包括轨道交通机电系统概述、轨道交通机电系统基础知识、轨道交通机电系统运行与维护、轨道交通机电系统安全操作与故障处理、机电系统通用维修工具与仪器仪表使用。深入浅出、通俗易懂,旨在使铁路一线职工能够全面地掌握相关技术和知识。

本书可供城市轨道交通领域铁路机电相关的从业人员及轨道交通职业院校地师生使用与参考。

图书在版编目(CIP)数据

机电设备管理与维护/中铁通轨道运营有限公司,温州市铁路与轨道交通投资集团有限公司运营分公司编著. —北京:中国铁道出版社有限公司,2022.8

城市轨道交通专业技能培训教材

ISBN 978-7-113-29236-2

Ⅰ.①机… Ⅱ.①中… ②温… Ⅲ.①机电设备-设备管理-技术培训-教材②机电设备-维修-技术培训-教材 Ⅳ.①TM

中国版本图书馆 CIP 数据核字(2022)第 098913 号

书 名:**机电设备管理与维护**

作 者:中铁通轨道运营有限公司
温州市铁路与轨道交通投资集团有限公司运营分公司

策划编辑:徐 艳 黎 琳 王 淳
责任编辑:朱荣荣   编辑部电话:(010)51873017
封面设计:尚明龙
责任校对:刘 畅
责任印制:樊启鹏

出版发行:中国铁道出版社有限公司(100054,北京市西城区右安门西街 8 号)
网 址:http://www.tdpress.com
印 刷:河北燕山印务有限公司
版 次:2022 年 8 月第 1 版 2022 年 8 月第 1 次印刷
开 本:787 mm×1 092 mm 1/16 印张:12 字数:234 千
书 号:ISBN 978-7-113-29236-2
定 价:48.00 元

前　言

我国城市轨道交通发展迅速,截至 2021 年 12 月 31 日,全国(不含港澳台)共有 50 个城市开通运营城市轨道交通,运营里程达 9 206.8 km。随着运营里程的快速增加,城市轨道交通管理与维护人员的需求也不断增大。同时,城市轨道交通设备设施比较庞杂,且不同城市的轨道交通设备制式、厂家不尽相同,设备管理与维护过程中修程修制也有较大出入,因此在城市轨道交通设施设备日常管理与维护中,确立相对统一的管理与维护人员专业技能培训内容至关重要。

为实现企业专业技能培训科学合理化,全面提升技能队伍整体管理与维护水平,促进作业规范化、标准化,降低设备运行中的故障率,确保安全运行,中铁通轨道运营有限公司会同温州市铁路与轨道交通投资集团有限公司运营分公司组织相关人员编制了"城市轨道交通专业技能培训教材"系列图书。本套书共 13 册,本书为套书之一。

本套书从基础知识、运行维护、安全操作、故障判别与处理等方面阐述了城市轨道交通 12 个专业的管理和维护要求,并且对相关专业管理和维护过程中常见的故障进行原因分析,对高频次故障的预防及处理进行梳理。套书力求在以下方面有所突破:

一是力求岗位理论知识覆盖全面。教材根据岗位的基础知识和技能要求,内容覆盖了实际工作中需掌握的专业知识点,将理论内容结合岗位需求针对性讲解。按照连接性和扩展性要求对知识点进行必要的细化和展开,使相关的技能和知识点连成线、织成片;注重各专业间有机衔接,补充必需的基础性、辅助性知识和技能,形成较为完整的知识体系。

二是力求适用性广泛。教材内容以温州 S1 线市域(郊)铁路运营实践为主,同时结合国内其他城市轨道交通设备使用情况和借鉴先进管理经验,保证图书在行业内具有较好的适用性。

三是力求指导性突出。作为岗位人才培养的基础教材,图书在介绍理论知识基础上,同时介绍岗位工作接口、日常生产任务、生产技能等要求,以适应岗位的工作要求。

本套书在编写过程中汲取了相关市域(郊)铁路管理和维护单位的实践经验,结合现行国家和行业标准,紧密联系城市轨道交通的工作实际,内容深入浅出,文字力求通俗易懂。本套书既可作为市域(郊)铁路运营与管理企业员工专业技能培训教材,也可供轨道交通职业院校的师生以及行业管理人员使用与参考。

本分册为《机电设备管理与维护》。全书共分为 5 章,包括轨道交通机电系统概述、轨道交通机电系统基础知识、轨道交通机电系统运行与维护、轨道交通机电系统安全操作与故障处理、机电系统通用维修工具与仪器仪表使用。深入浅出、通俗易懂,旨在使铁路一线职工能够全面地掌握相关技术和知识。

需要说明的是,本书内阐述的主要设备案例及应用场景均来源于温州市域铁路 S1 线。由于城市轨道交通发展日新月异,各个城市使用的设备品牌、工艺、技术等均有所不同,加之编制人员专业技能与实践经验存在一定局限性,书中难免存在错漏之处,敬请读者批评指正,以便及时修订和完善。

编　者
2022 年 1 月

目　录

第1章 ➤ 轨道交通机电系统概述

1.1 机电系统介绍

1.1.1 低压配电系统介绍

低压配电系统在城市轨道交通中占有举足轻重的地位,它的可靠性、安全性决定了通信、信号、屏蔽门、综合监控、自动售检票、电扶梯、火灾报警以及消防等系统的运行质量,是城市轨道交通正常运营不可缺少的重要保障。

低压配电系统主要由降压变电所、低压母线排、配电设备、线缆、用电设备等组成,提供地铁机电设备动力电源和照明电源。此外,还应设置地铁应急电源系统,如小型发电机、EPS 电源、UPS 电源。

1.1.2 通风空调系统介绍

以温州 S1 线为例,对通风空调系统进行介绍。温州 S1 通风空调系统主要用于调节指定区域内的空气温度、湿度,并控制二氧化碳、粉尘等有害物质的浓度,为乘客和工作人员创造一个舒适的环境,以满足人体健康及相关设备正常运行的要求,火灾时排除烟气,利于人员疏散逃生。

通风是为了改善生产和生活条件,采用自然或机械的方法,对某一空间进行换气,以形成满足安全、卫生等要求的适宜空气的技术。换句话说,通风是利用室外空气(称为新鲜空气或新风)来置换建筑物内的空气(或称室内空气)以改善室内空气品质。通风的主要功能有:提供人呼吸所需要的氧气,稀释室内污染物或气味,排除室内生产过程中产生的污染物,除去室内多余的热量(称余热)或湿量(称余湿),提供室内燃烧设备燃烧所需要的空气。建筑中的通风系统,可能只能完成其中的一项或者几项任务。其中,利用通风除去室内余热和余湿的功能是有限的,它受室外空气状态的限制。

空气调节是使某一房间或空间内的空气温度、湿度、洁净度和空气流动速度(俗称"四度")等参数达到给定要求的技术,简称空调。空调可以对建筑热湿环境、空气品质进行全面的控制,它包含了通风的部分功能。有些特殊场合还需要对空气的压力、气味、噪声等进行控制。

通风与空气调节技术是控制建筑热湿环境和室内空气品质的技术,同时也包括对系统本身所产生噪声的控制。通风与空气调节虽然都是对建筑环境的控制技术,但是它们所控制的对象和作用有所不同。

1.1.3　给排水系统介绍

给水排水系统是为人们的生活、生产、市政和消防提供用水和废水排除设施的总称。向各种不同类别的用户供应满足不同需求的水量和水质,同时承担用户排除废水的收集、输送和处理,达到消除废水中污染物质和保护环境的目的。

给水系统是指保证用水对象获得所需水质、水压和水量的一整套构筑物、设备和管路系统的总和。

排水系统是指车站、区间的污水、废水及雨水均应就近排入市政排水系统,污水应按规定处理达标后排放。地下车站及地下区间应设置废水泵房、污水泵房和雨水泵房。废水系统包括消防废水、地面冲洗废水、释放排水、结构渗漏水等,这些废水均通过线路排水沟汇流集中到线路区段坡度最低点处的废水泵站集水池内。污水系统主要指车站内卫生间生活污水。在折返线车辆检修坑端部、出入口和局部自流排水有困难的场合需设置局部排水泵房,在地铁洞口及敞开出入口处应设雨水泵房。

1.1.4　站台门系统介绍

轨道交通站台屏蔽门系统(platform screen doors,简称 PSD 系统,也称站台门或月台幕门)是 20 世纪 80 年代出现的在城市轨道交通中应用的一种安全节能装置。它是一项集建筑、机械、材料、电子和信息等学科于一体的高科技产品,设置于地铁站台边缘,将列车与地铁站台候车区域隔离开来,在列车到达和出发时可自动开启和关闭,为乘客营造了一个安全、舒适的候车环境。站台屏蔽门系统作为保障乘客在站台候车时的屏障,现今在国内外已有了广泛的应用,运行效果良好。

1.2　机电系统组成

1.2.1　低压配电系统组成

根据用电设备的不同用途和重要性,车站用电负荷分为三级:

一级负荷:包括通信系统、信号系统、火灾报警系统、气体灭火系统、机电设备监控系统、屏蔽门、消防泵、废水泵、雨水泵、防淹门、站控室、事故风机及其风阀等。

二级负荷:包括非事故类风机及风阀、污水泵、集水泵、扶梯、电梯、轮椅牵引机、自动售检票设备、民用通信电源、维修电源及冷水机组油加热器等。

三级负荷:包括冷水机组、冷冻水泵、冷却水泵、冷却塔风机、电开水器、清扫电源等。系统所供配电设备可分为由车站降压所直接供配电的设备和由环控电控室供配电的设备。

1.2.2　通风空调系统组成

车站空调水系统的组成:车站空调水系统分为制冷循环系统、冷冻水系统和冷却水系统。三大系统主要由冷水机组、冷冻水泵、冷却水泵、冷却塔、分集水器、水处理仪、膨胀水箱、各类水阀、水管道等设备部件组成,为空调系统提供7~12 ℃冷冻水,受群控智能柜控制。

1. 通风系统的分类

通风包括排风、送风。把站内污浊空气排出室外(净化后或者直接)的同时,把新鲜空气补充进来,从而保证室内空气条件。

按动力不同分可分为自然通风和机械通风;按照区域不同分可分为大系统与小系统通风;按作用不同分可分为排风、送风、补风、专用补风等。

(1)自然通风

自然通风指依靠站内外风力造成的风压或者站内外空气温度差造成的热压使空气流动,以达到气流交换的目的。

注意事项:通道较长的出入口,要设通风和防排烟系统。

(2)活塞风

地铁机车在隧道中运行时,隧道中的空气被机车带动从而顺着机车前进的方向流动,这一现象称为机车的活塞作用,由此所形成的气流称为活塞气流。为了保持地铁隧道内的空气流通,在每个地铁车站的两端都各有三种类型的风井与地面连接。

为了保持地铁隧道内的活塞空气流通,在每个地铁车站的两端都设有"活塞风井",主要用于释放机车在隧道中做活塞运动时带动的风力,具体如图1.1所示。

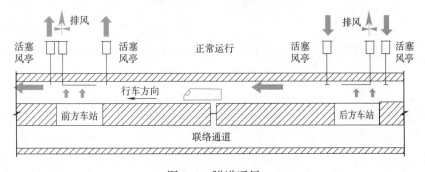

图1.1　隧道通风

3

车站一般设置三种风井,另外两种是新风井和排风井,用于车站内与外界的空气流通。新风井为送风机、补风机、组合式空调机组等提供新鲜气流;排风井是站内排风机、排烟风机、回排风机等将气流排出到站外的通道口(图1.2)。

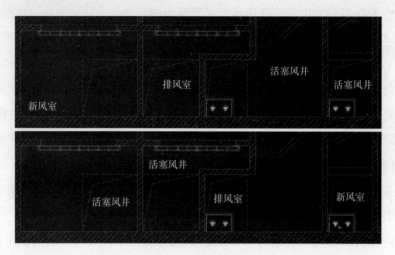

图 1.2　风井示意

(3)机械通风

依靠风机提供的风压、风量,通过风管和送、排风口可以有效地将室外新鲜空气或经过处理的空气送到车站的公共乘车区域或者工作场所;还可以将站内的废气及时排至室外,或者送至净化装置处理合格后(非必要)再予排放。这类通风方法称为机械通风。

2. 通风系统的组成和原理

通风空调系统的组成如图1.3所示。

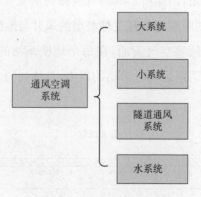

图 1.3　通风空调系统组成

1)大系统

地铁车站站厅站台公共区称为大系统。大系统需要满足的功能至少包括:排风(回排风)、排烟、送风(空调/非空调)。涉及的风机主要有以下几种：

必要风机：回排风机、排烟风机、人防排风机、大系统组合式空调柜、人防送风机；

非必要风机：新风机。

几点说明：

(1)回排风机的作用：排风、回风。

排风指直接将大系统内的空气从排风井排到站外；回风指将空气送到组合式空调柜，经过处理后再次送到大系统，重复利用。

(2)排烟风机在火灾时才开启，排除烟气。但是排烟风机风管和回排风机风管可以共用(如南宁地铁4号线)。

(3)人防排风机是一端送，一端排。人防排风机风管可以和排烟风机风管共用(如温州S1线)。

(4)新风机在此处的目的是组合式空调柜进风，安装位置在组合式空调柜进风口前端，不是独立送风。

如图1.4所示，人防排风机和排烟风机共用了一段风管，分界处设置静压箱即可；新风机在组合式空调柜进风口前端；回排风机的风管单独设置。

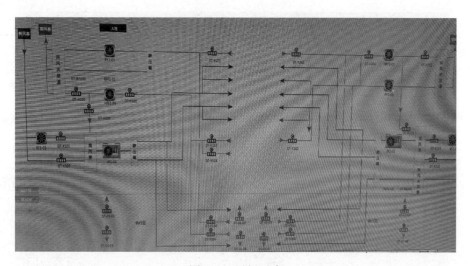

图1.4　风机示意

回排风机、排烟风机、人防排风机共用了一段风管；组合式空调柜前端不设置新风机，直接在新风道设置进风口即可，如图1.5所示。

2)小系统

地铁车站内设备用房和管理用房称为小系统。小系统需要满足的功能至少包括：排风(回排风)、排烟、送风(空调/非空调)、补风等。

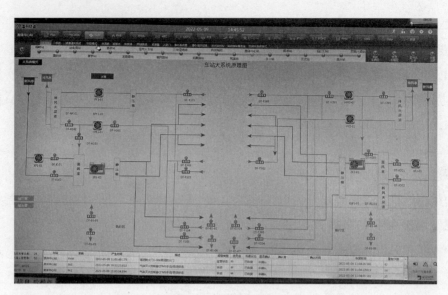

图 1.5　大系统原理

涉及的风机有:回排风机、排烟风机、柜式空调机、送风机、补风机、加压风机等,小系统原理如图 1.6 所示。

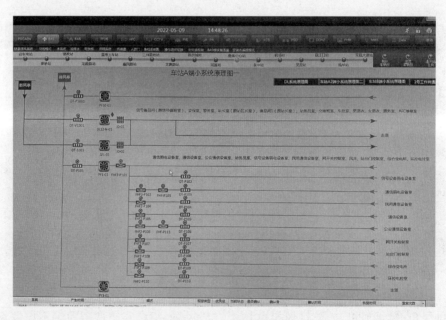

图 1.6　小系统原理

几点说明:

(1)每一台柜式空调机都有一台回排风机对应(有的地铁小系统用柜式空调机,有的用 VRV)。

（2）加压风机：给楼梯间或楼梯前室加压送风（加压风机、补风机、专用补风机都属于消防风机）。

（3）人防风机是一端送，一端排。人防排风机风管可能和排烟风机风管共用（如温州S1线）。

（4）每一台风机所管辖的区域都不同，风口数量也不同。负责站台层送排风的风机一般也设置在站厅空调机房内。

（5）设备区卫生间可以不设置送排风，公共区卫生间只设置排风，无送风。

3）大型轴流风机

车站公共区通风系统采用机械通风结合通风道和出入口进行自然通风的系统形式。在车站的每端均设置通风道，通风道内并联两台相同参数的车站通风机SVF，这两台风机为可逆风机。地铁运营正常工况时，风机每天连续运行20 h，单风机运行或双风机并联运行。

区间隧道通风系统是由活塞风道、通风道、车站通风机SVF、事故风机TVF和车站出入口等组成的纵向通风系统。车站每端与活塞风道并联设置一台事故风机TVF，为可逆转轴流风机。

风机在正常情况下，环境温度在不大于45 ℃，相对湿度不大于95％条件下，可以长期连续运行；在火灾工况时能满足在250 ℃条件下连续运转有效工作1 h。

（1）控制等级。

①就地控制：安装、调试、检修时，通过风机控制柜面板控制，即柜体面板转换开关"远控/本地"打到"集中"，其他远程操作被屏蔽。

②车站控制：车站控制室通过BAS控制本站风机运行。

③中央控制：DCC通过BAS统一控制全线风机启停。

（2）风机控制柜向BAS系统反馈风机运行状态、各故障信号、各开关的位置。

①发生火灾时，FAS系统发送火灾信息给BAS系统，由DCC或车站的BAS系统控制风机的启停，且车站风机由变频自动转为工频运行（正反转可控）。

②启动连锁：风机运行与风阀位置反馈信号连锁。风机运行前，对应的风阀必须先打开到位；风机停止后，风阀再关闭。

③事故及火灾闭锁：车站、区间发生事故时，风机自动转为工频运行。火灾发生时，车站风机由变频启动后自动转为工频运行（正反转可控）。

4）大型片式消声器

根据地铁工程特点，在土建通风道内，大型轴流风机（SVF与TVF）前后均采用金属外壳片式消声器进行消声处理，以降低大型轴流风机运转时发出的中频、低频噪声，如图1.7所示。

5)电动组合风阀

车站通风机通过通风管对车站公共区通风。当区间夜间通风和区间隧道阻塞工况时,通过电动组合风阀转换开关控制实现对区间的通风换气,同时兼容车站及区间火灾事故通风,如图1.8所示。

图1.7 片式消声器　　　　　　　　　图1.8 电动组合风阀

6)空调机组

空调机组(含新风机组)为车站设备管理用房提供空调送风,同时兼火灾补风。空调机组(含新风机组)安装在小系统机房内,为设备管理用房正常工况或火灾工况服务,如图1.9所示。

图1.9 空调机组

7)各类小风机

单向普通轴流风机(含混流风机)为车站设备管理用房送、排风机(或兼排烟风机)、排烟风机。送风机、排风机安装在车站设备管理用房或空调通风机房等房间内,为设备管理用房正常工况或火灾工况服务。

8)射流风机

区间隧道列车存车线等位置内设置可逆转射流风机,列车在存车线等处发生火灾工况时配合车站、区间风机进行气流组织。

9)水系统

空调水系统的作用是给空调末端设备提供冷量。包括:冷冻水系统、冷却水系统和冷凝水系统。

空调水系统在空调季开启运行,非空调季可以停止运行。

冷冻水循环途径:

冷水机组蒸发器→分水器→空调末端设备→集水器→冷冻水泵→冷水机组蒸发器(膨胀水箱往集水器补水)。

冷却水循环途径:

冷水机组冷凝器→冷却塔→冷却水泵→冷却加药→冷水机组冷凝器。

10)区间隧道通风

(1)区间隧道介绍。

区间隧道指在同一地铁线路的相邻地铁车站间设置的隧道,主要用于通行地铁列车。采用岛式站台时,常在紧邻车站的部位设渐变段衬砌,余均为标准断面。车站位置最高,自两端起坡向中间区段。中间区段为平坡或缓坡,最低处设废水泵池,汇集冲洗水、渗漏水和事故用消防水后,用泵送到车站或直接压向地面。上下行线路隧道间设发生事故时供疏散旅客用的联络通道,有时也设用于缓解车辆活塞风效应的横道。穿越河床时,常在相邻车站的相邻侧设防淹门。

(2)区间通风。

区间通风从动力上区分可以分为自然通风和机械通风。自然通风以活塞风为主,机械通风以区间射流风机和隧道风机为主。

①活塞风。机车在隧道中运行时,隧道中的空气被机车带动而顺着机车前进的方向流动,这一现象称为机车的活塞作用,由此所形成的气流称为活塞气流。为了保持地铁隧道内的空气流通,在每个地铁车站的两端都设有专门的活塞风井。活塞风阀打开,气流通过风阀流向风井,最后排到外界,活塞风阀如图1.10所示。

正常情况下,在车站运营时间段内,活塞风阀是常开的。旁边还有一个常闭的是 TVF

风机的连锁组合式电动风阀。为了保持区间活塞空气流通,每个地铁车站的两端设置的活塞风井都直接连到外界,主要用于释放机车在隧道中做活塞运动时带动的风力。

②机械通风(阻塞时)。区间隧道内的机械通风主要依靠射流风机和隧道风机(也称事故风机/TVF风机)。

③射流风机通风。射流风机是一种特殊的轴流风机,主要用于公路、隧道、地铁区间等的纵向通风系统中,提供较大的推力(图1.11、图1.12)。在地铁区间内,射流风机一般设置在隧道内壁,主要起以下两点作用:

图1.10　活塞风阀

a. 区间阻塞时强力通风(平时也使用)。

b. 区间火灾时强力排烟。

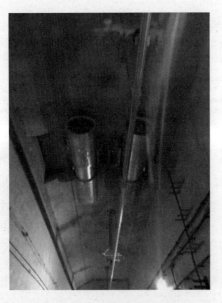

图1.11　射流风机实物

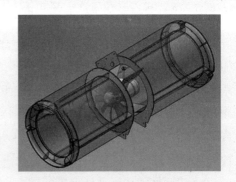

图1.12　射流风机原理

射流风机需要设置双向消声器。不是每个车站都设有,通常在出入段线和较长区段内设置。且射流风机可以正反转。

(3)隧道风机。

地铁TVF风机(隧道风机/事故风机),一般是耐高温可逆轴流风机。

耐高温可逆轴流风机是地铁区间隧道通风系统的关键设备,主要用于地下区间通风、列车阻塞、火灾时的通风和排烟,该风机的设计是根据运行模式的要求进行设计的,例如风机需要正转或反转,以达到隧道送风、排风、发生事故时排烟的目的,隧道通风如图1.13所示。

图 1.13　隧道通风

风机按地铁的设计规范一般布置在车站的两端,每端设置两台,分别对应上、下行线区间,通过组合风阀的开闭控制,实现多台风机串、并联运作或互为备用。

同理如图1.14所示,每端设置有两个活塞风井。组合式风阀的位置,以及隧道内空气流向。

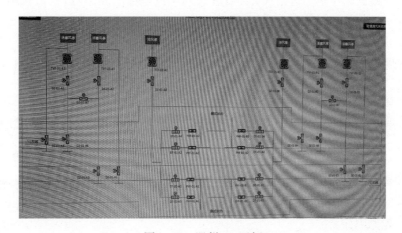

图 1.14　温州 S1 区间

11

11)BAS系统对通风空调系统的控制

隧道通风系统包括区间隧道通风系统和车站隧道通风系统,正常运营情况下用于排热换气,灾害情况下用于定向排烟、排热和送新风。

隧道通风系统的正常运行模式是根据地铁运营的时间,由系统预先设定的时间表来控制不同的运行模式。模式的启停时间主要依据地铁运营开始及停止的时间和日期,具体分为:

(1)早间运行:早间运营前,根据系统的时间表功能,区间隧道通风系统进行半小时(可调整)的纵向机械通风。此时车站隧道通风系统关闭,区间隧道设有中间风井时中间风井也关闭。

(2)夜间运行:夜间收车后,根据系统的时间表功能,区间隧道通风系统进行半小时(可调整)的纵向机械通风,排除隧道中的废气和余热余湿,此时车站隧道通风系统关闭,区间隧道设有中间风井时中间风井也关闭。通风完毕后打开所有风道内风阀,利用自然通风的方式进行通风换气。

(3)正常运行:列车正常运行时,车站隧道通风系统投入运行而区间隧道通风系统停止运行,利用列车活塞作用,在一般区间隧道内通过车站两端的活塞风井进行通风换气,排除区间隧道的余热余湿;在设有中间风井的区间隧道内开启区间隧道中间风井,通过车站两端的活塞风井和区间隧道中间风井进行通风换气,排除区间隧道的余热余湿。

(4)阻塞运行状态:当列车因故障或其他原因而停在区间超过一定时间,中央级下达运行模式指令到车站级,车站级控制通风系统设备进行隧道通风模式控制。区间隧道风机按行车方向进行机械通风,车站隧道通风系统保持正常运行。

(5)火灾事故运行状态:BAS系统根据列车信号系统传来的停车位置信息和司机报告的火灾情况,采取相应的运行模式,保证旅客的安全疏散。当着火列车驶入前方车站时,利用前方车站的隧道通风系统进行排烟;当着火列车停在区间隧道时,应按预定的隧道内火灾模式运行。

1.2.3 给排水设备组成

给排水系统是由给水系统和排水系统两部分组成。其中给水系统包括生活给水系统、生产给水系统和水消防给水系统,其功能是满足生产、生活和消防用水对水量、水质和水压的要求;排水系统则包括污水系统、废水系统和雨水系统,其功能是保证车站、区间、停车场及车辆段排水畅通,为轨道交通安全运营提供服务。

室内给水系统按其供水对象可分为生活给水系统、生产给水系统、消防给水系统。

1. 生活给水系统

满足人们饮用、烹调、盥洗、洗涤、沐浴等生活用水的室内给水系统,称为生活给水系统。这种系统要求水质必须严格符合国家规定的生活饮用水水质标准。

2. 生产给水系统

满足在生产过程中所需要的设备冷却水、原料和产品的洗涤水、锅炉用水及某些工业原料(如酿酒)用水的室内给水系统,称为生产给水系统。生产给水系统必须满足生产工艺对水质、水量、水压及安全方面的要求。

3. 消防给水系统

满足各类民用建筑、大型公共建筑及某些生产车间的消防设备用水的室内给水系统,称为消防给水系统。消防用水对水质要求不高,但必须按建筑防火规范要求,保证有足够的水量和水压。

4. 车站给水系统的组成

(1)管网组成:引入管、水表节点、给水附件、给水管道、用水设备。

(2)管网采用枝状管网,分用水点卫生间、电热器、膨胀水箱、冷却塔、设备房冲洗水、公共区冲洗水栓等。

(3)管材:站外埋地部分采用球墨铸铁管,柔性橡胶圈承插接口;室内生产生活、生产用水管道采用衬塑钢管。

5. 车辆段给水系统的组成

(1)管网组成:引入管、水表节点、给水附件、给水管道、增压和储水设备、用水设备。

(2)管网采用枝状管网,分用水点综合楼、后勤楼、洗车棚、停车列检棚、联合库、空调滤网清洗区、污水处理站等。

(3)管材:室外埋地部分采用球墨铸铁管,柔性橡胶圈承插接口;室内生活、生产用水管道采用建筑给水钢塑复合管。

6. 车站给水系统管网布置特点

(1)市政给水引入管一般从出入口或风亭引入。

(2)消火栓给水系统在站厅层形成一个闭合的形状管网,位于站厅层天花吊顶里。

(3)岛式站台的车站,在站台层形成一个闭合的环状管网,位于站台板底下,通过联络立管和站厅环状管网相连。

(4)侧式站台的车站,每边站台板下各有一条消防水管,沿站台长度方向布置,通过联络立管和站厅的环状管网相连。

(5)管网上设置检修阀门,地面给水引入管上的阀门为闸阀,站内管网上的阀门为蝶阀,站内蝶阀的设置原则为并闭阀门检修某段水管时,同时受停水影响的消火栓箱不超过5个。

7. 水消防系统的组成

(1)管网组成:引入管、水表节点、给水附件、给水管道、增压和储水设备、用水设备。

（2）管网采用环状管网，保证某段管段损坏时，在一条管路供水不会中断。

（3）室外埋地消防给水管采用球墨铸铁管，柔性橡胶圈承插接口，车站其他消防给水管均采用热浸镀锌钢管（内外热浸锌防腐，镀锌层厚度不小于 80 μm）。

8. 排水系统的基本组成

（1）卫生器具（或生产设备）

室内排水系统的起点，接纳各种污水后排入管网系统，污水从器具排出口经过存水弯和器具排入管流入横支管。

（2）排水管道

①横支管：把各卫生器具排水管流来的污水排至立管，横支管应具有一定的坡度。

②立管：接受各横支管流来的污水，然后再排至排出管，为保证污水排出畅通，所有立管管径一般不得小于 50 mm。

③排出管：室内排水立管与室外排水检查井之间的连接管段。

（3）清通设施

设立在立管和较长横干管上的检查口、排水横支管顶端的清扫口、室内较长埋地干管上的检查口井、带清通门或盖板的 90°弯头或三通接头。

（4）提升设备

污废水不能自流排向室外检查井时，需要设置排水泵。

（5）局部处理构筑物

对不允许直接排放的污废水进行局部处理的构筑物，如化粪池、隔油池、压力井、污水处理站等。

（6）通气管系统

污水泵房密闭水箱、卫生间排水干管均应设置通气管道，车站各处通气管汇合后接至车站排风亭下方，并在端部设置吸气阀。

1.2.4 站台门设备组成

站台门系统主要由控制系统及监视系统构成。站台门系统配置与信号系统、就地控制盘（PSL）、车控室 IBP 盘、ISCS 系统等相关设备的接口，实现对站台门的开/关门控制，采集站台门系统的信息、状态、报警故障，并将其传输至相关系统。

1. 控制系统组成

屏蔽门控制系统具有系统控制级、站台控制级（含 PSL 控制和紧急模式 IBP 盘控制）和手动操作（站台侧用钥匙或轨道侧用把手开关门和 LCB 控制）三级控制方式。三种控制方式中以手动操作优先级最高，IBP 盘的控制模式比 PSL 控制模式高，系统级控制优先级别最低。

(1)系统级控制

系统级控制是在正常运行模式下由信号系统直接对屏蔽门进行控制的方式。在系统级控制方式下,列车到站并停在允许的误差范围内时,信号系统向屏蔽门发送四或六编组的开/关门命令,控制命令经信号系统(SIG)发送至屏蔽门中央控制盘,中央控制盘通过DCU对滑动门开/关进行实时控制,实现屏蔽门的系统级控制操作。

开门操作:信号系统确认列车停在允许范围内时,信号系统向屏蔽门控制系统发出开门命令到中央控制盘。中央控制盘通过硬线安全回路向门控单元DCU发送开门的命令,门开启过程顶箱上门状态指示灯闪烁,全开时门状态指示灯点亮,同时,PSC面板、PSL盘及IBP盘上所有"ASD/EED关闭且锁紧"状态指示灯熄灭。

关门操作:列车即将离站时,信号系统发出关门命令到中央控制盘,中央控制盘通过硬线安全回路向门控单元DCU发送关门的命令,整列滑动门动作关闭,关门过程中顶箱指示灯闪烁,门关闭并锁紧后顶箱上门状态指示灯熄灭;同时,PSC面板、PSL盘及IBP盘上所有"ASD/EED关闭且锁紧"状态指示灯点亮。中央控制盘向信号系统反馈所有门关闭且锁紧信号,信号系统接收到屏蔽门锁闭信号后,列车离站。

列车乘客门与屏蔽门开关的先后顺序:屏蔽门的滑动门与列车车门开门时,按照信号系统的开门命令自动开门;关门时,屏蔽门的滑动门与列车门按设定的程序启动,屏蔽门与信号系统进行此模式的配合。

(2)站台级控制

①PSL控制

PSL控制指由列车驾驶员或站务人员在站台PSL上对屏蔽门进行开/关门的控制方式。当系统级控制不能正常实现时,如SIG故障、单元控制器对DCU控制失败等故障状态下,列车驾驶员或站务人员可在PSL上进行开门、关门操作,实现屏蔽门的站台级控制操作。

开门操作:列车驾驶员或站务人员用钥匙开关打开PSL上的操作允许开关,此时PSC及PSL面板上"PSL操作允许"指示灯亮;列车驾驶员或站务人员在PSL发出开门命令,屏蔽门开始打开,门开启过程门状态指示灯同步闪烁,全开时门状态指示灯点亮。当屏蔽门完全打开后,顶箱上门状态指示灯点亮,同时,PSC面板、PSL盘及IBP盘上所有"ASD/EED关闭且锁紧"状态指示灯熄灭。

关门操作:列车驾驶员或站务人员在PSL发出关门命令,此时PSL上操作允许指示灯点亮,屏蔽门开始关闭,当屏蔽门全部关闭后,同时,PSC面板、PSL盘及IBP盘上所有"ASD/EED关闭且锁紧"状态指示灯点亮。列车驾驶员或站务人员用钥匙关闭PSL上的操作允许开关,此时PSC面板上的"PSL操作"指示灯熄灭。

门关闭后无法发车:屏蔽门全部关闭,但因锁闭信号丢失或信号系统无法确认门是否锁闭而不能发车时,由列车驾驶员或站务人员用钥匙开关打开 PSL 上的操作允许开关,此时单元控制器面板上的"PSL 操作允许"指示灯点亮;列车驾驶员或站务人员再用钥匙开关在 PSL 上进行"ASD/EED 互锁解除"的操作,此信号保持至故障修复后,列车驾驶员或站务人员用钥匙开关关闭 PSL 上的"ASD/EED 互锁解除"开关和操作允许开关,此时单元控制器面板上的"PSL 操作"指示灯熄灭。

②IBP 控制

IBP 盘的控制模式设计以每侧站台为独立的控制对象。在车站紧急情况下(如火灾),车站控制室操作 IBP 盘上的钥匙开关打到开门位,打开屏蔽门系统滑动门。本命令属于紧急状态下的紧急开门命令,优先级高于 PSL 控制和系统级控制。

(3)手动操作

手动操作是由站台人员或乘客对单道屏蔽门滑动门进行的操作。当控制系统电源故障或个别屏蔽门操作机构发生故障时,站台工作人员在站台侧用钥匙或乘客在轨道侧用开门把手打开屏蔽门。

2. 监视系统组成

每侧站台屏蔽门单元中所有设备的状态信息均通过现场总线传送到其相应的屏蔽门控制子系统的 PSC 上,设在设备房内的终端液晶显示屏能显示屏蔽门各单元的信息和运行状况。

PSC 将与运营相关的屏蔽门状态及故障信息通过电缆或光缆通道发送至环境与设备监控系统,由环境与设备监控系统实现屏蔽门相关状态的查询及故障报警、运营月报表生成、运营故障记录等。屏蔽门运行的关键状态及故障信息由与环境与设备监控系统的接口通过光纤发送至控制中心服务器。监视系统独立于控制系统,即监视系统故障不会影响屏蔽门的正常运行功能。

(1)障碍物探测功能是指当屏蔽门在关闭过程中夹住人或物时,如果对于人的作用力大于设定值,滑动门立即停止关闭,同时泄掉夹紧力,解脱被夹的人或物。经过一定时间(时间在 0~10 s 内可调)后,门重新关闭。上述过程重复 3 次后,门仍不能关闭锁定,屏蔽门将打开,该屏蔽门的指示灯闪烁。

(2)控制系统中的 PSC/PEDC 及门控单元(DCU)至少能对如下故障信号进行采集和报警,并可以在系统内设置必要的逻辑闭锁及解除闭锁的功能。即每个门单元中无论发生网络通信故障、电源故障或 DCU 或门机故障以及此门单元内其他故障,系统可以通过隔离功能使此单元脱离整个系统,从而达到不影响整个子系统的正常工作。

①门控单元(DCU)和门机故障。当个别门控单元(DCU)或门机发生故障,导致门单元

在系统级及站台级控制下无法打开或无法关闭时,此时由站台工作人员将个别故障门单元由自动状态转为隔离状态(在对位置有"隔离"字样标识),使该单元脱离该控制子系统,维修人员可以通过工控机查询到故障信息。个别故障门单元退出控制系统,并不影响整列屏蔽门控制系统的正常运行。门单元在手动开/关位置时,门体处于关闭或者开启均能旁路安全回路。

②电源故障。当屏蔽门电源发生故障时(包括控制电源故障、UPS 故障、驱动电源故障以及个别站台门驱动电源故障),维修人员可以查询到相关详细故障信息。

③监控主机的功能。监控主机是每个控制子系统的主要设备,属于整个总线网络的主设备。实现系统内部信息的收发、采集、汇总和分析,并实现与主控系统车站控制室工作站、PSL、DCU 各单元之间的信息交换,并能够查询逻辑控制单元中各个回路的状态;具有足够存放数据和软件的存贮单元,具有运行监视功能及自诊断功能。

3. 站台门系统的作用

通过安装屏蔽门系统,有效减少了空气对流造成的站台冷热气的流失,降低了列车运行产生的噪声及活塞风对车站的影响,为乘客提供了舒适的候车环境,保障了列车和乘客上下车及进出站时的安全,提高了城市轨道交通运营社会效益。据地铁行业运营报告显示,地铁屏蔽门系统使空调设备的冷负荷减少 35% 以上,环控机房的建筑面积减少 50%,空调电耗降低 30%。因此,屏蔽门系统在城市轨道交通运营中具有不可替代的重要作用。其具体作用如下:

(1)屏蔽门系统可以防止人和物体落入轨道、非工作人员进入隧道,避免因此导致的延迟运营、增加额外成本的发生。

(2)减少站台区与轨行区之间气流的交换,降低通风空调系统的运营能耗。

(3)屏蔽门系统也是铁路车辆和车站基础设施之间的紧急栏障安全系统。

(4)减少列车运行噪声及活塞风对站台候车乘客的影响,改善乘客候车环境。

(5)保障乘客和工作人员的人身安全,阻挡乘客进入轨道,拓宽乘客在站台候车的有效站立空间。

(6)可有效管理乘客,当列车停靠在正确的位置上,乘客才可以进入列车或站台。

(7)在火灾或其他故障模式下,可以配合相关系统进行联动控制。

第2章 ❯ 城市轨道机电系统基础知识

2.1 低压配电设备的基础知识

城市轨道机电低压配电设备主要由环控电控柜、EPS 应急电源设备、车站低压照明设备、应急照明设备、智能照明、双电源切换箱、车站低压配电系统设备、人防门等组成。

2.1.1 环控电控柜

环控电控柜(图 2.1)通过对车站的通风系统和水系统进行控制和监控,来实现自动化控制。通风主要是对风管上的风阀执行器和一些普通的风机进行控制,来实现不同的通风模式。水系统也就是车站公共区的集中制冷系统,环控电控柜是对水系统的冷冻泵、冷却泵、冷却塔、水处理器以及一些电动蝶阀的供电。这些设备是用西门子 PLC 与自动化专业实现控制和监控。

图 2.1 环控电控柜

环控电控柜的供电方式是双电源供电,分别取自就近综合变电所 I、II 段母线上,如机场 A 段环控电控柜的电源就取自 A 端综合变电所 P18-5 和 P06-5 抽屉柜。

双电源供电可以保证当一路电源出现故障时设备还能正常运行。一般是将双电源的一路定义为主电,二路就视为备电,在正常情况下都是用主电进行供电。当主电出现故障,如:主电失电、主电压不稳定出现欠压或过压,就会通过环控电控柜内的双电源切换装置自动将供电切换到二路,切换的时间很短不足以影响到设备的正常使用。

1. 设备组成

环控电控柜内的主要零部件为断路器、软启动(专用柜子)、变频器(专用柜子)、接触器、快速熔断器、表计、智能元件等。智能元件主要包括马达保护控制模块(3UF7)、1500 西门子 PLC、现场总线、通信管理器等。

西门子工业级可编程序控制器(PLC)产品(图 2.2),通信管理器监控单元控制器为 S7-1500 CPU,通信管理器通过现场总线可完成电机保护控制模块、PMC 三相智能测控表、智能 I/O 等智能化模块的各种参数设定;完成与 BAS 的数据交换及管理,满足 BAS 功能要求。

图 2.2　PLC

回排风机控制柜、排烟风机控制柜、组合式空调机控制柜、冷冻水泵控制柜等都是环控柜直接供电。这些控制柜都是采取的变频启动方式,变频控制在发生故障时可以自动或手动切至工频运行。变频器主要采用交—直—交方式(VVVF 变频或矢量控制变频),先把工频交流电源通过整流器转换成直流电源,然后再将直流电源转换成频率、电压均可控制的交流电源以供给电机,电机使用变频器的作用就是为了调速,并降低启动电流。为了产生可变的电压和频率,变频器首先要把电源的交流电变换为直流电(DC),这个过程叫整流。

把直流电(DC)变换为交流电(AC)的装置,其科学术语为"INVERTER"(逆变器)。一般逆变器是把直流电源逆变为一定的固定频率和一定电压的逆变电源。逆变为频率可调、电压可调的逆变器称为变频器,如图 2.3 所示。

图 2.3　变频器

这种变频控制箱带有马达保护装置,马达保护器防止电机因电性原因出现过负荷、缺相、层间短路及线间短路、线圈的接地漏电、瞬间过电压的流入等造成损坏,或者是由于机械原因,如堵转、电机转动体遇到固体时,因轴承磨损或润滑油缺乏出现热传导现象,损坏电机。对于因电性原因出现的故障,无论是过电流还是过电压,其主要是因为电流瞬间增大,超过了电机的负载电流值而造成损坏。智能电机保护控制器根据这一原理,通过监测电机的两相(三相)线路的电流值变化,进行电机的保护,对于过电压、低电压,通过检测电机相间的电压变化,进行电机的保护。

马达保护器(图 2.4)具有下列功能:电机过载保护、相不平衡保护、断相保护、单相接地故障保护、堵转保护、起动超时保护、欠电流保护、电机热保护。当电机出现这些故障时都会停机。

控制柜上有个控制面板,可以在面板上查看转速、运行电流、运行频率以及一些设置的数值,还可通过面板将变频器设定到自动和手动,如图 2.5 所示。

图 2.4　马达保护器

图 2.5　控制面板

2. 环控电控柜的主要参数

环控电控柜成套装置为框架结构柜体,柜体采用冷轧钢板,厚度 2 mm,外表面防护采用环氧树脂粉末高温聚合,涂层均匀,附着力强,耐磨性好。

(1)环控电控柜基本技术参数见表 2.1。

表 2.1　环控电控柜基本技术参数

序号	项　目	内　容
1	污染等级	3
2	额定冲击耐受电压	≥8 kV
3	电气间隙	≥10 mm
4	爬电距离	≥12 mm
5	隔离距离	应符合《低压空气式隔离器、开关、隔离开关及熔断器组合电器》(JB 4012—85)的有关要求,同时考虑到制造公差和由于磨损造成的尺寸变化
6	耐压水平	2.5 kV、50 Hz、1 min
7	温升	符合 GB/T 20641—2004 中第 7.2 节的规定
8	外壳防护等级	IP42
9	内部防护等级	IP2X
10	区间射流风机控制柜外壳防护等级	IP65

(2)环控电控柜主要电气参数见表 2.2。

表 2.2　环控电控柜主要电气参数

序号	项　目	内　容
1	额定电压	0.4 kV
2	额定绝缘电压	690 V
3	水平母线最大工作电流	5 000 A
4	垂直母线最大工作电流	1 500 A
5	水平母线额定短时耐受电流(1 s)	100 kA
6	水平母线额定峰值耐受电流	220 kA
7	垂直母线额定短时耐受电流(1 s)	50 kA
8	垂直母线短时峰值电流	105 kA
9	辅助回路的额定电压	交流 220 V 或直流 24 V

2.1.2　EPS 应急电源设备

地铁 EPS 是为满足车站突发情况导致正常照明失电的情况下,还能有足够的照明来逃生和救灾而设置的。

EPS 应急电源系统主要包括整流充电器、蓄电池组、逆变器、互投装置和系统控制器等部分。其中逆变器是核心,通常采用 DSP 或单片 CPU 对逆变部分进行 SPWM 调节控制,使之获得良好的交流波形输出;整流充电器的作用是在市电输入正常时,实现对蓄电池组适时充电;逆变器的作用则是在市电非正常时,将蓄电池组存储的直流电能变换成交流电输出,供给负载设备稳定持续的电力;互投装置保证负载在市电及逆变器输出间的顺利切换;系统控制器对整个系统进行实时控制,并可以发出故障报警信号和接收远程联动控制信号,并可通过标准通信接口由上位机实现 EPS 系统的远程监控,如图 2.6 所示。

图 2.6　EPS 应急电源柜

1. EPS 工作原理

EPS 主要包括交流双电源自动切换装置、整流/充电机、逆变器(带输出隔离变压器)、蓄电池组、监控装置及馈线单元等部分,EPS 应急电源工作原理图如图 2.7 所示。

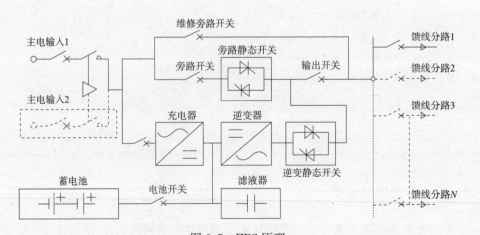

图 2.7　EPS 原理

当市电正常时,由市电经过互投装置给重要负载供电,同时进行市电检测及蓄电池充电管理,然后再由电池组向逆变器提供直流能源。在这里,充电器是一个仅需向蓄电池组提供相当于 10% 蓄电池组容量(Ah)的充电电流的小功率直流电源,它并不具备直接向逆变器提供直流电源的能力。此时,市电经由 EPS 的交流旁路和转换开关所组成的供电系统向用户的各种应急负载供电。与此同时,在 EPS 的逻辑控制板的调控下,逆变器停止工作,处于自动关机状态。在此条件下,用户负载实际使用的电源是来自电网的市电,因此,EPS 应急电源也是通常说的一直工作在睡眠状态,可以有效地达到节能的效果。

当市电供电中断或市电电压超限(±15% 或 ±20% 额定输入电压)时,互投装置将立即投切至逆变器供电,在电池组所提供的直流能源的支持下,此时,用户负载所使用的电源是通过 EPS 的逆变器转换的交流电源,而不是来自市电。

当市电电压恢复正常工作时,EPS 的控制中心发出信号对逆变器执行自动关机操作,同时还通过它的转换开关执行从逆变器供电向交流旁路供电的切换操作。此后,EPS 在经交流旁路供电通路向负载提供市电的同时,还通过充电器向电池组充电。

EPS 的充电方式分为浮充和均充两种。均充指以定电流和定时间的方式对电池充电,充电较快,充电电压与浮充相比要大。浮充指当电池处于充满状态时,充电器不会停止充电,仍会提供恒定的浮充电压与很小的浮充电流供给电池,因为,一旦充电器停止充电,电池会自然地释放电能,所以利用浮充的方式,平衡这种自然放电。

2. EPS 的操作方式

EPS 在正常情况下都是处于自动位,在市电正常的情况下,由旁路供电并对蓄电池进行浮充。失电时,会自行逆变进行放电对设备供电。一般在进行功能测试或者需要保养时才会进行操作。

测试功能是否正常:

(1)EPS 控制柜上的双切屏幕点动 S1 和 S2 切换查看双切是否能够自动切换。

(2)对柜子内部的两路电源依次进行断电,以此来模拟市电断电,查看设备是否能够检测到供电的异变。在两路市电都切掉之后,查看 EPS 是否能够自行逆变对下端设备进行供电。此时设备处于放电状态。在恢复送电时,查看 EPS 能否自行旁路供电,能否对蓄电池进行充电。

保养时:

(1)保养时,首先要对设备进行功能测试。

(2)对蓄电池进行充放电测试,查看蓄电池是否能够满足要求。地下站时间 1.5 h、高架站 1 h。

(3)放电结束后,对蓄电池进行内阻测试,内阻在 4~5 mΩ 之间。

2.1.3　车站低压照明设备

随着生活水平的提高,人们的生活质量越来越高,同时对环境的要求也越来越高。目前轨道交通中,车站照明系统直接关系到广大乘客的乘车舒适性,以及如何减少运营成本,从而达到"节能减排"的最终目的。

1. 地铁车站的照明分类及控制

根据区域不同,地铁车站的正常照明分为设备区和公共区(含出入口照明)。设备区照明一般采取翘板开关设置于房间门口控制。

对于面积较大的房间,灯具较多时,采用双联、三联、四联开关或多个开关进行控制。由于地铁的设备房间只允许有权限的工作人员进入,因此基本能够做到人来开灯,人走灭灯的节电运行。

对于公共区来说,既要保证一定照度和均匀度等照明效果,又要控制长明灯的数量,就不得不通过增加照明配电箱的回路,并进行交叉布线等方式搭建复杂的配线,通过控制照明回路来实现节电的功能。车站的正常照明设备分别包括:

(1)照明配电箱

照明配电箱一般包括照明配电箱和广告照明配电箱。该配电箱安装在车站照明配电室、车辆段照明配电室、个别设备房等处,用于集中控制相应场所的工作照明、节电照明、导向照明、广告照明。可实现照明配电室就地控制和车控室集中控制。一般情况下,照明配电箱为工作照明、节电照明和导向照明提供电源;广告照明配电箱为车站广告照明提供电源,照明配电箱如图2.8所示。

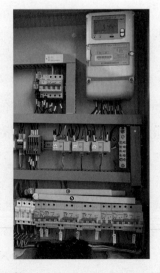

图 2.8　照明配电箱

（2）正常照明灯具

正常照明灯具正常工作时，为乘客与工作人员提供照明，如图 2.9 所示。

图 2.9　正常照明

（3）导向照明

导向照明如图 2.10 所示。

图 2.10　导向照明

（4）广告照明

广告照明如图 2.11 所示。

图 2.11　广告照明

2. 地铁车站公共区的照明要求

给广大乘客提供舒适的照明环境,使照明具有人性化;通过合理的管理,在需要的时间、区域打开灯具,优化能源利用率;设置便于操作和管理、灵活多变、维护成本低廉的照明控制系统。

3. 地铁站的照明控制设计

站台公共区照明主要包括正常照明和应急照明,其中正常照明由基本照明和叠加照明两部分构成,各占整个正常照明容量的 50% 左右;正常状态下,应急照明作为基本照明的一部分进行设置。

在传统的照明控制系统中,车站公共区的照明通过两种类型的照明配电箱(基本照明配电箱和叠加照明配电箱)进行配电,并通过设备管理系统(简称 BAS 系统)进行控制。在运营高峰时,全部打开;在运营高峰过后,可关闭叠加照明,由基本照明和应急照明作为公共区照明;在运行结束后,可根据需要关闭全部基本照明,由应急照明作为公共区值班和保安照明。

车站公共区正常照明由照明配电室就地控制、通过设在车站综合控制室的 BAS 系统集中控制、控制中心远程监控。根据时段(客流的多少)分部控制灯具,进行全亮、部分亮以及全不亮的控制,从而做到相对的节能控制。

根据各场所照明负荷的重要性,照明负荷可分为三个等级:节电照明、事故照明、疏散诱导指示照明为一级负荷;一般照明及各类指示牌为二级负荷;广告照明为三级负荷。原则上在车站站台、站厅的两端各设置一个照明配电室,室内集中安装各类照明配电控制箱。在站台两端各设置一个事故照明装置室,室内安装一套事故照明装置。一般照明、节电照明、设备及管理用房照明的电源,分别在降压所的低压柜两端母线上各馈出一路电源,与照明配电室的两个配电箱联接,向站台、站厅、设备及管理用房供电。事故照明电源是由低压所的低压柜两端母线上各馈出一路电源,经事故照明装置再馈出至各照明配电室的事故照明配电箱后配出。站台、站厅及人行通道的疏散诱导指示照明由事故照明配电箱配出单独回路供电。广告照明及其他各类照明(区间隧道一般照明除外)也均由照明配电室配电箱配出。区间隧道一般照明由设在站台两端隧道入口处区间隧道一般照明箱配出。

事故照明及疏散诱导指示照明,正常时采用 380 V/220 V 交流电源供电,由两路 380 V/220 V 交流电源自降压所的低压配电柜两段母线上,各馈出一路电源至事故照明装置后配出。事故照明装置带有蓄电池,当进线电源交流失压后,装置电源切换柜自动切换为蓄电池 220 V 直流电源向外供电,当进线恢复供电后,又自动切换为交流向外供电。

车站照明系统可分为三级控制:

(1)就地控制

各设备及管理用房进门处设有就地开关箱或开关,可控制响应设备及管理用房的一般照明。区间隧道一般照明受设于隧道两端入口处的区间隧道一般照明配电箱控制。

(2)照明配电室集中控制

照明配电室内设有相应照明场所的照明配电箱,可在室内集中控制相应场所的一般照明、节电照明、事故照明及广告照明。正常情况下,配电箱所有开关均应全部合上,以便通过就地级控制和车站控制室集中控制相应场所照明。

(3)站控室集中控制

站控室内设有照明控制柜和 ISCS 控制平台,可实现对站台、站厅公共区的一般照明、节电照明、广告照明进行远程控制。

2.1.4　智能照明

智能照明控制系统是一个集多种照明控制方式,对建筑的照明终端进行集中管理和监控的智能化系统。可根据各领域的应用需求不同,定制控制方式,实现远程控制开关、调光、分时段变换和集中管理等操作。

智能化技术的发展给建筑各个系统的管理带来了极大的变化,对于照明系统的建设而言,采用智能照明控制系统不仅可以有效地提高照明能源的利用率,也能够一定程度地降低照明设备的损耗,实现无人化管理,如图 2.12 所示。

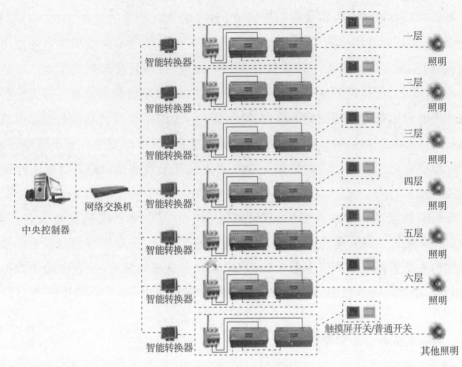

图 2.12　智能照明模块

1. 智能照明系统的组成

智能照明控制系统由输入单元、输出单元、系统单元三部分组成。

（1）输入单元（包括输入开关、场景开关、液晶显示触摸屏、智能传感器等）：将外界的信号转变为网络传输信号，在系统总线上传播。

（2）输出单元（包括智能继电器、智能调光模块）：收到相关的命令，并按照命令对灯光做出相应的输出动作。

（3）系统单元（包括系统电源、系统时钟、网络通信线）：为系统提供弱电电源和控制信号载波，维持系统正常工作。

2. 智能照明的控制方式

温州 S1 线智能照明的控制方式现在一般是通过车站的 ISCS 面板上进行模式切换来实现不同的需求模式。

车站的模式主要分为白天正常模式、白天节能模式、夜间正常模式、夜间节能模式、停运模式五种。可以跟具不同的需求进行界面操控。

智能照明的模式也可以通过车站智能照明总机操控面板进行操控，如图 2.13 所示。

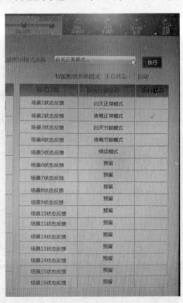

图 2.13　车控室 ISCS 平台模式

2.1.5 车站应急照明

地铁车站应急照明是地铁特别重要的一级负荷,当车站出现电源故障或灾害情况时,应急照明是确保人员安全疏散的关键环节,因此应急照明电源系统的设置方案就显得尤为重要。目前地铁已投入使用 EPS 集中式应急照明电源系统。

根据车站建筑划分的防火区域,分别在站台两头的综合变电所设置一套 EPS 电源装置,EPS 的电由车站变电所两端低压母线引来的两路电源供电。正常时,车站应急照明由 EPS 的交流旁路供电,蓄电池容量应满足事故时应急照明供电 1.5 h 的要求。

特点:独立 EPS 方案的优点就在于"独立"。由于应急照明是车站中特别重要的负荷,特别在两路电源失电或火灾情况下,既要满足乘客的迅速疏散和撤离,也要满足消防和车站工作人员救灾要求,所以独立系统会为以上要求提供更高的可靠性。同时独立设置 EPS 系统不会因为一处故障造成大面积的失电而引起不必要的恐慌,并大大提高地铁事故处理预案的实施性。

应急照明系统的监控由车站 BAS/FAS 系统直接集中监控,可满足实时性和速动性,同时接口也比较简单。

应急照明根据负载的种类分为备用照明和疏散照明两种。

1. 备用照明

备用照明(图 2.14)是在正常照明电源发生故障时,为了确保正常工作或活动继续进行而设备的照明。根据《城市轨道交通照明》规定:一般工作场所备用照明度不应小于正常照明照度值的 10%。中央控制室、车站综合控制室、站长室、消防泵房、变配电房等应急指挥和应急设备应用场所的备用照明度值不应小于正常照明照度值的 50%。在设计施工中,

图 2.14 备用照明

应根据不同场所及国家标准优先行业标准的原则,来确定合适该场所的照度值。

2. 疏散照明

疏散照明是在正常照明电源发生故障时,为使人员能容易而准确无误地找到建筑物出口而设置的照明,由疏散照明灯、疏散诱导标志灯组成。站厅、站台公共区、出入通道、楼梯、人行通道拐弯处等设置疏散诱导标志灯,其中车站内通道每隔 20 m 设 1 盏标志灯,灯距地面小于 1 m。疏散诱导标志灯的布置应满足视觉连续要求,即在公共区的任意位置都能使至少 1 个诱导标志灯进入视线范围。地下区间一般每隔 10 m 设 1 套照明灯具,工作照明和应急照明灯具相间布置,每隔 10 m 设一处疏散诱导标志灯,如图 2.15 所示。

图 2.15 疏散指示灯

2.1.6 双电源自动切换装置

双电源自动切换开关适用于额定电压交流不超过 1 000 V,直流不超过 1 500 V 及以下的两路电源(常用电源和备用电源)因一路电源发生异常而电源之间的切换,及时保证供电的安全性和可靠性。实物如图 2.16 所示。

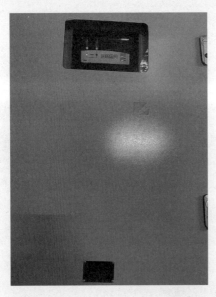

图 2.16 双电源切换箱

1. 自动控制器的工作原理

控制器具有"自投自复""常用电源""备用电源""互为备用"四种工作模式。若按下"常用电源"键,不管常用电源是否正常,控制器发出一组指令,让备用电源的断路器分闸,常用电源的断路器全闸;若按下"备用电源",则常用电源断路器分闸,备用电源断路器合闸;按下"断电再扣"键,则无论哪个断路器处在合闸位置,该断路器立即分闸,如果断路器因负载原因脱扣,排除故障后,可按下"断电再扣"使断路器再扣。控制器在"自动控制"工作模式时,控制器随时对常用电源和备用电源进行监测,当常用电源中有一相或一相以上的电压出现异常(过压、欠压和失压),经过适当的延时时间 t_1(此延时是观察电网的故障是可逆的还是不可逆的),当确定常用电源的故障已无法恢复,即常用电源的断路器断开,经过 t_2 延时后,合上备用电源的断路器;当运行在备用电源相当时间后,常用电源又恢复正常,则经过 t_3 延时(以观察常用电源是否真正恢复正常),将备用电源断路器断开,经过 t_4 延时后,将常用电源的断路器合上。此种功能称为自投自复。如果两面电源分别为Ⅰ电源和Ⅱ电源,Ⅰ电源发生故障,自动切换到Ⅱ电源供电,在Ⅱ电源运行一段时间后,Ⅰ电源又恢复正常,此时不再从Ⅱ电源切换到Ⅰ电源,这便是自投不自复。当常用电源不供电时,如备用电源出现异常,则控制器会发出报警声,以提示工作人员及时修复,报警声也可人为关闭。t_1、t_3 为切换延时,0～60 s 之间,出厂时整定在 10 s;t_2、t_4 为断电延时,双电操为 0.5～1.5 s,出厂时整定为 1 s,单电操最小为 1.5～3 s;自投不自复控制器不检测过电压。双电源自动切换装置可用于电网—发电机之间的切换,但无启停电发电机信号输出。

2. 双电源自动切换装置结构特点

(1)两台电动操作断路器具有电气联锁装置和机械联锁装置准确可靠在使用一台断路器工作。

(2)双电源自动切换装置选用高分断能力的断路器,并具有过载、短路保护。

(3)双电源自动切换装置可具备人工切换、自动切换两种形式。自动切换开关分自投自复和自投不自复两种形式。工作时,对两路电源(常用电源和备用电源)的三相电压同时进行测试,任一相发生过压力、欠压(包括缺相)、断电等故障,均能从异常电源侧延时转换到正常电源以保证电源无故障输出。

3. 双电源自动切换装置正常工作条件

(1)周围温度不高于 40 ℃和不低于−5 ℃,且 24 h 平均值不超过 35 ℃(特殊情况除外)。

(2)安装地点的海拔高度 2 000 m 及以下。

(3)大气条件为相对湿度在周围空气温度为 40 ℃时不超过 50%;在较低温度下可以有较高的相对湿度,在最湿月的月平均最低温度不超过 25 ℃,该月的月平均最大相对湿度不超过 90%,并考虑温度变化产生在产品表面上的凝露。

(4)污染等级为 3 级。

(5)外磁场:双电源自动切换装置安装场所在任何方向不应超过所在磁场的 5 倍。

2.1.7 车站低压配电系统设备

1. 车站主要低压配电设备及设施

(1)低压配电箱

车站低压配电箱主要安装在各动力用电设备附近,它的基本组成部件有塑壳断路器、空开、交流接触器、防雷装置、熔断器以及 24 V 中间继电器,用来消防切非,如图 2.17 所示。

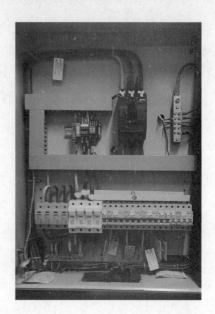

图 2.17　低压配电箱

(2)环控电控柜

环控电控柜主要安装在环控电控室内,为环控设备提供所需的电源,可实现对通风空调设备的电气控制及远距离操作控制,如图 2.18 所示。

图 2.18　环控电控柜

（3）风机设备就地控制箱

该控制箱安装在各风机设备附近，用于维修调试各风机设备时的就地控制操作，如图 2.19 所示。

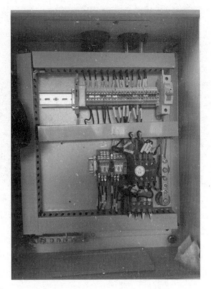

图 2.19 风机控制箱

（4）雨水泵控制箱

雨水泵控制箱安装在地下隧道入口、风亭处，用于对地下隧道入口、风亭处雨水泵的控制，如图 2.20 所示。

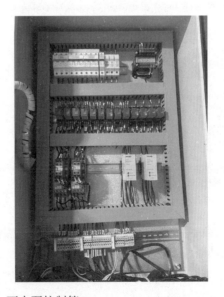

图 2.20 雨水泵控制箱

（5）废水泵、污水泵、消防泵控制箱

该控制箱安装在废水泵、污水泵、消防泵用电设备附近，用于废水泵、污水泵、消防泵的运行控制，如图 2.21 所示。

图 2.21　消防泵控制箱

（6）双电源切换箱。

该切换箱安装在各动力用电附近，提供设备所需 0.4 kV 电源，如图 2.22 所示。

图 2.22　双电源切换箱

（7）区间维修电源箱

区间维修电源箱安装在正线区间隧道内，每两台间隔约 100 m，提供隧道内设备维修所需的电源，维修电源箱如图 2.23 所示。

2. 供电方式

配电电压均采用 380 V/220 V,应选择适当截面的电缆电线,减少线路的电压损失,以保证用电设备的末端电压水平,使设备工作在规定的电压范围内。配电系统设计要首先保证其安全性和供电可靠性,还应尽可能做到接线简单和操作方便。配电系统一般按 3 级配电,从变压器二次侧到车间或单体建筑的配电间(室)为 1 级配电,以放射式配电;从车间配电室到用电设备为 2 级配电,以放射式配电为主要配电方式,个别用电设备可采用链式供电;有小负荷的设备,可采用 3 级配电。较大容量的设备可直接从变电所低压配电室配电。

图 2.23　区间维修电源箱

3. 控制方式

根据需要,动力设备采用就地控制和远程控制,控制方式采用自动或手动方式。根据工艺性质和设备容量的大小,可采用软启动、降压启动和直接启动方式。

4. 保护方式

对低压进线和母联开关设失压、过负荷、接地及短路保护,对配电线路设过负荷、短路保护。对于可造成人身间接电击、电气火灾、线路损坏等事故的线路加设接地保护。设备保护开关一般采用低压断路器和热继电器,设过负荷、短路、接地和缺相保护。动力插座、插座箱和移动式用电设备设漏电保护开关。

2.1.8　人　防　门

人防门就是人民防护工程出入口的门,人防门分类比较鲜明,有普通单、双扇防护密闭门和密闭门,活门槛单、双扇防护密闭门和密闭门等多种人防设备。

1. 分类及特点

(1)普通单、双扇防护密闭门和密闭门

此类门定型最早,已被广泛选用。其特点是结构简单,运行可靠,维护方便,适用于各类人防工程的出入口。但由于它有门槛,所以对人员、车辆出入频繁的工程,如平战结合的地下商场等,已较少采用,而改用相应尺寸和载荷等级相同的活门槛门或降落式门。

(2)活门槛单、双扇防护密闭门和密闭门

此类门的特点是平时不安装门槛,地面平整,便于人员和车辆通行,临战时快速安装门槛,以满足防护和密闭功能要求,迅速地实现平战功能转换。

此类门适用于平战结合的地下商场、医院、仓库、地下停车库等人防工程的出入口。

（3）胶管式防爆波活门

胶管式防爆波活门是一种在冲击波超压作用下能迅速关闭的活门，胶管变形后，将绝大部分冲击波堵截在工程外面，小部分冲击波进入工程头部的扩散室进一步膨胀扩散，最后削弱到允许的安全压力，当作用在胶管式防爆波活门上的空气冲击波超压设计值不大于0.3 MPa时，消波系统可取消扩散室，直接采用胶管式防爆波活门；胶管式防爆波活门只适用于工程的通风系统，不适用于排烟口。

（4）悬摆式防爆波（屏蔽）活门

悬摆式防爆波活门结构简单、使用维护方便，可用于工程的进、排风口或排烟口，悬摆式防爆波屏蔽活门是在普通悬摆式防爆波活门的基础上增加了屏蔽功能，防电磁脉冲能力为Ⅱ级。

（5）降落式双扇防护密闭门与密闭门

此类门的特点是平时地面无门槛，便于人员或车辆通行；战时将门扇立转、降落及平移，以满足防护、密闭要求，其上带有方便人员临时出入的小门，平战转换快捷。新型降落门改进了其升降机构，操作更为方便。

（6）连通口双向受力双扇防护密闭门

此类门设置在两个相邻防护单元连通口的防护密闭隔墙上，其特点是地面平整无门槛，可双向分别受力，双向密闭，平战转换快捷。

（7）坡道内开式双扇防护密闭门

此类门适合于设置在地下人防工程出入口的坡道终端，门扇向工程内部开启，平时没有凸出地面的门槛。

（8）防护防火密闭门、防火密闭门

此类门的显著特点是防灾能力强，门扇中有防火填料，又有密闭措施，所以能防火、防烟、防水；和其他防护密闭门一样，战时还能防冲击波、生物战剂和化学战剂，全面地满足了人防工程平战结合的要求。此类门可安装在防火安全出口处，以及两相邻防护单元之间的隔墙上。

（9）电控门

电控门分电控防护密闭门、电控密闭门、电控密闭屏蔽门和电控防护门四大类，其中电控密闭屏蔽门的防电磁脉冲能力为Ⅲ级。该类电控门手动轻便灵活，为一机两用电控门，即开关门与开关锁共用一个动力装置，具有就地控制、远程控制及智能控制（门禁系统）三种控制方式，并可根据工程需要加装安全监控和电磁锁装置。

（10）封堵板

①连通口防护密闭封堵板

连通口防护密闭封堵板的特点是采用拼装式，单体质量轻，尺寸模数化，便于安装。适用于临战时快速封堵两个防护单元之间隔墙的连通口，不适用与人防工程外部穿墙孔的封堵。风口防护密闭封堵适用与临战时快速封堵两个防护单元之间隔墙上的风管穿墙孔，不适用于外部穿墙孔的封堵。

②临空墙防护密闭封堵板

此封堵板可用于封堵平时使用、战时不用的孔口。其特点是平时可以不安装封堵板（但要加工好放在附近的指定位置），战时根据事先设定的转换时限将封堵板进行快速安装，以满足防护密闭的要求。根据其设置位置的不同可分为防护单元通风口或连通口用双向受力防护密闭封堵板和临空墙防护密闭封堵板两大类。

（11）防护密闭屏蔽门和密闭屏蔽门

此类门具有防护、密闭、屏蔽或密闭、屏蔽的复合功能，其防护等级为Ⅱ级。

2.2　通风空调设备的基础知识

2.2.1　冷水机组系统

冷水机组又称为冷冻机组、制冷机组、冰水机组、冷却设备等，因各行各业的使用比较广泛，所以对冷水机组的要求也不一样。其工作原理是一个多功能的机器，除去了液体蒸气通过压缩或热吸收式制冷循环。

1. 工作原理

冷水机组包括四个主要组成部分：压缩机，蒸发器，冷凝器，膨胀阀，从而实现了机组制冷、制热效果。

冷水机俗称冷冻机、制冷机、冰水机、冻水机、冷却机等。因各行各业的使用比较广泛，所以名字也就多得不计其数。随着冷水机组行业的不断发展，越来越多的人们开始关注冷水机组行业，任何选择对人类来说越来越重要，在产品结构上"高能效比水冷螺杆机组""水源热泵机组""螺杆式热回收机组""高效热泵机组""螺杆式低温冷冻机组"等极具竞争力，其性质原理是一个多功能的机器，除去了液体蒸气通过压缩或热吸收式制冷循环。蒸汽压缩冷水机组包括四个主要组成部分：压缩机、蒸发器、冷凝器及部分计量装置，通过蒸汽压缩式制冷循环的形式，从而实现制冷效果。吸收式冷水机利用水作为制冷剂，并依靠之间的水和溴化锂溶液，以达到制冷效果。冷水机一般使用在空调机组和工业冷却。在空调系统,冷冻水通常是分配给换热器或线圈,在空气处理机组或其他类型的终端设备的冷却在其各自的空间,然后冷却水重新分发回冷凝器被冷却。在工业应用,冷冻水或其他液体的冷却泵是通过流程或实验室设备。工业冷水机适用于控制产品、机制和工厂机械冷却的各行各业。冷水机按制冷形式一般可分为水冷式和风冷式,在技术上,水冷比风冷能效比要高出 1 256~2 093 kJ;在安装上,水冷需纳入冷却塔方可使用,风冷则是可移动的,无需其他辅助。

2. 机组特点

(1)结构简洁,换热稳定,效率持久,维护方便。

(2)机组控制系统采用进口 PLC 程式控制器,人机界面配置大荧幕触摸屏,界面简便大方,操作直观简便。

(3)冷水机体积小,制冷量大,采用世界名牌进口压缩机,低温性能卓越,可靠耐用,产品根据工业应用特点设计,内置低温循环水泵及不锈钢冷冻水箱,使用极为方便,所有与水接触的材料均采用防腐蚀材料,有效防止生锈,腐蚀,微电脑 LED 数量控制器,具备温度显示,设定温度,自动调节冻水温度及压缩机延时保护功能,选用名牌接触器、继电器等电器元件,配备完善的指示灯、开关,操作一目了然,内置电子水位指示及报警装置,低水位自动报警,操作人员通过控制面板就能掌握冷冻水箱的水位情况,及时补水,独有的模块式设计,每台压缩机的系统安全独立,即使一个系统出现问题,亦不会影响其他系统的正常工作。

2.2.2　组合式空调柜

组合式空调机组是由各种空气处理功能段组装而成的一种空气处理设备。适用于阻力大于 100 Pa 的空调系统。机组空气处理功能段有空气混合、均流、过滤、冷却、一次和二次加热、去湿、加湿、送风机、回风机、喷水、消声、热回收等单元体。

1. 新回风混合段

(1)新回风口位置按设计要求可分别在端部、顶部或左右各侧面设置,如与本样本不一致,要提供具体开口位置。在新回风口上可装配调节阀,执行机构有手动、电动和气动三种型式,由用户任选。

(2)过滤段有初、中效过滤两种,配用菱形袋式,四峰袋式,也可配用自动卷绕式,滤料用优质涤轮无纺布,并采用过滤器快速装拆机构,压盖显示及报警装置。

2. 新排风段

本段箱体内设有一次回风阀,阀门前后的箱顶各设一个排风口和新风口,并配调节阀,其功能是当有回风机时,供空调机排出部分回风,使新风与一次回风按要求比例混合;当过渡季节采用直流系统时,关闭一次回风阀,全开排风阀和新风阀。

3. 能量回收段

供双风机系统中作交叉分风混合和排风能量回收用。本段箱体内设有一次回风阀,顶部为能量回收器,它是一种利用排风的冷(热)来间接冷却(加热)新风,新风经过板式能量回收装置,可回收排风显热能量的 60% 左右。同时,排风和新风不直接接触,特别适用于排除室内有害气体的直流空调系统的能量回收。作直流系统使用时,应关闭一次回风阀门,有剧毒气体场所应单独设排风系统,不宜使用该段。

4. 中间段(检修段)

本段起过渡段的连接和机组内部检修照明的作用。在过滤段前,表冷段、加热段、消声段前后均须设中间段。

5. 二次回风段

连接二次回风管用的中间段,顶部可设调节阀门,配有手动、电动或气动调节机构,由用户任选,此段也可合并于送风机段中。

6. 表冷器

表冷器采用四、六、八排管的铜管串铝箔的结构,铝箔为双翻边波纹边形式,大弯管热交换器减少 60% 的焊接弯头,提高了热交换功率,先进的机械涨管形式保证了热交换器的接触性能,该热交换器分固定式和旋转式两种,用户可根据需要任选一种,热媒采用蒸汽或热水。

2.2.3 TEF、TVF 风机

TEF 风机又称排热风机,一般设于轨道上方,用于排出车辆顶部空调散热,底部刹车产热和辅助排烟,还可以排出车辆到站带来的风,减少空气压力。

TVF 风机又称隧道风机,是双向可逆转的大型轴流风机,一般架设于车站两端,既可排风,也可送风,主要用于地下区间通风,列车阻塞、火灾时的通风和排烟。该风机是根据运行模式的要求进行设计的,例如风机需要正转或反转,以达到隧道送风、排风、发生事故时排烟的目的。

2.2.4 射流风机

射流风机是一种特殊的轴流风机,主要用于公路、隧道、地铁区间等的纵向通风系统中,提供较大的推力。在地铁区间内,射流风机一般设置在隧道内壁,主要起以下两点作用:

(1)区间阻塞时强力通风(平时也使用);

（2）区间火灾时强力排烟。

2.2.5 温控风机

温控轴流风机可根据环境温湿度情况,自动控制风机启停,温度设定范围:−20～99 ℃,湿度设定范围:20%～90% RH。

（1）可以根据需要随意设定启动温度（0～99 ℃）和停止温度（0～99 ℃）,自动打开和关闭各种用电设备的电源。

（2）度数明显,读数直观,操作简单。

（3）使用磁性新型温度传感器,反应灵敏、精度高,传感器可根据用户需要要求连接,不影响精度。

（4）安装简便,不用改变水暖、地暖、电暖的管道和线路,能很方便地与金属管道等连接。

（5）采用微电脑主控芯片,集成度高、数字编程、抗干扰能力强。

（6）温控仪有"高温启动"和"低温启动"两种控制功能。

（7）设置记忆功能:温控器会存储上次设置,保证停电的时候设置不会丢失,不用另外设置。

（8）高温启动:设置"启动温度"大于"停止温度",温控器处于"高温启动"状态。例如:设置"停止温度"为 20 ℃,"工作温度"为 30 ℃,那么当实测温度达到 30 ℃或者高于 30 ℃时,机器开启,运行指示灯（绿灯）亮,此时插座供电。当实测温度降到 20 ℃时,机器关闭,此时插座断电运行,指示灯（绿灯）熄灭。高温启动多用于降温设备、暖气循环泵等。

（9）低温启动:设置"工作温度"小于"停止温度",温控器处于"低温启动"状态。例如:设置"停止温度"为 30 ℃,"启动温度"为 20 ℃,那么当实测温度达到 20 ℃或者小于 20 ℃时,机器开启,运行指示灯（绿灯）亮,此时插座供电。当实测温度升到 30 ℃或者高于 30 ℃时,机器关闭,待机指示灯（红灯）亮,此时插座断电。低温启动多用于加热升温设备。

2.2.6 普通风机

风机是我国对气体压缩和气体输送机械的习惯简称,通常所说的风机包括通风机、鼓风机、风力发电机。

气体压缩和气体输送机械是把旋转的机械能转换为气体压力能和动能,并将气体输送出去的机械。

风机的主要结构部件是叶轮、机壳、进风口、支架、电机、皮带轮、联轴器、消音器、传动件（轴承）等。

2.2.7　VRV、分体、新风机空调

VRV(variable refrigerant volume)空调系统——变制冷剂流量多联式空调系统(简称多联机),通过控制压缩机的制冷剂循环量和进入室内换热器的制冷剂流量,适时满足室内冷、热负荷要求的直接蒸发式制冷系统。VRV 最大的特点就是一台室外机对多台室内机。

空气调节是一种根据舒适或工艺的需要,对自然状态下的空气在局部范围内对其状态参数进行调控的工程技术。空气状态参数有:温度、压力、比重、湿度、比焓等。

2.2.8　空气调节四大要素

温度、湿度、洁净度、气流分布是空气调节四大要素。对四大要素加以调节,就能够控制室内环境,以达到舒适的要求。

(1)温度:一般用户对空调的基本要求。

(2)湿度:影响对冷热的感觉,设备运行的环境与条件。

(3)洁净度:关系到人体健康,适应环境等要求。

(4)气流分布:气流循环,气流速度。

人体感到舒适的条件温度是(参考):平静的活动:22 ℃;轻体力活动:20 ℃;重体力活动:18 ℃。

2.3　给排水设备的基础知识

2.3.1　变频加压给水装置

1. 设备概述

变频加压给水装置是一种新型的节能供水设备。变频加压给水系运用当今最先进的微电脑控制技术,将变频调速器与电机水泵组合而成的机电一体化高科技节能供水装置。变频加压供水设备以水泵出水端水压(或用户用水流量)为设定参数,通过微机自动控制变频器的输出频率从而调节水泵电机的转速,实现用户管网水压的闭环调节,使供水系统自动恒压稳于设定的压力值,即用水量增加时,频率提高,水泵转速加快;用水量减少时,频率降低,水泵转速减慢。这样就保证了整个用户管网随时都有充足的水压(与用户设定的压力一致)和水量(随用户的用水情况变化而变化),如图 2.24 所示。

图 2.24　变频加压给水装置

　　温州 S1 线采用东方生活水泵,后与用户设定的压力值进行比较和运算,并将比较和运算的结果转换为频率调节信号和水泵启动台数信号分别送至变频器和可编程控制器(PLC);变频器根据调节水泵电机的电源频率,进而调整水泵的转速;可编程控制器根椐PID 调节器传输过来的水泵启动台数信号控制水泵的运转。通过对水泵的启动和停止台数及其中变频泵转速的调节,将用户管网中的水压恒稳于用户预先设定的压力值,使供水泵组"提升"的水量与用户管网不断变化的用水量保持一致,达到"变量恒压供水"的目的,如图 2.25 所示。

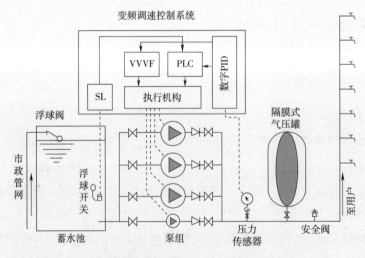

图 2.25　变频调速给水系统示意

　　恒压给水成套设备主要由增压泵组、恒压供水控制系统、稳压泵组(可选经件)、稳压气压罐(可选组件)等组成,如图 2.26 所示。

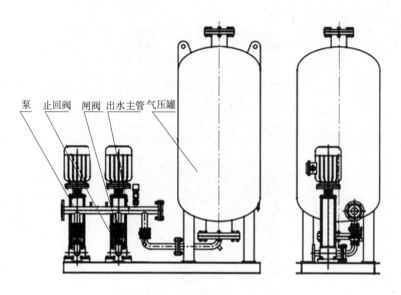

(a)BH 系列给水设备结构示意

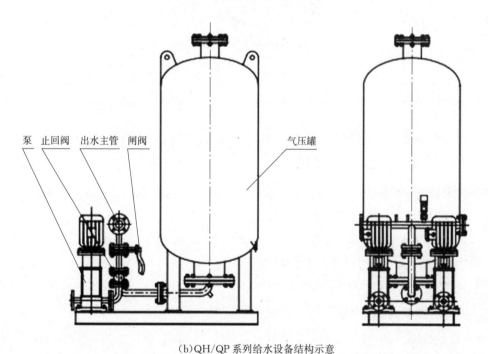

(b)QH/QP 系列给水设备结构示意

图 2.26 BH、QH/QP 系列给水设备示意

2. 设备组成

变频加压给水设备主要由水泵机组、稳压罐、压力传感器、变频控制柜等组成,能始终维持压力表压力(即用户管网水压)等于用户设定值。可用于一般生活或生产供水,如图 2.27 所示。

图 2.27　变频加压给水设备

3. 设备原理

根据用户要求,先设定给水压力值,然后通电运行,压力传感器监测管网压力,并转为电信号送至可编程控制器或微机控制器,经分析处理,将信号传至变频器来控制水泵运行。当用水量增加时,其输出的电压及频率升高,水泵转数升高,出水量增加;当水量减小时,水泵转数降低,减少出水量,使管网压力维持设定压力值,在多台泵运行时,逐机软启动,由变频转工频至压力流量满足为止,实现了水泵的循环控制。当夜间小流量运行时,可通过变频水泵来维持工作,变频给水泵可以停机保压。

4. 主要功能说明

(1)手动控制功能:人为操作面板按钮控制设备。

(2)自动控制功能:设备根据传感信号自动改变其工作状态。

(3)自动互为备用功能:主泵与备用泵故障自动切换运行。

(4)主要保护功能:水泵电机的过载、短路保护,生活变频控制柜、生活稳压控制柜还具备水源缺水自动保护的功能。

(5)工况指示功能:电流、电压、运行、故障等工作状态的灯表指示(其中电压、电流指示只有柜高 1 200 mm 及以上的控制柜具备);部分高档配置的控制柜,具备液晶显示面板或触控操作的界面。

5. 设备特点

(1)选用国内外知名品牌低压电器及传感装置。

(2)控制电路设计简洁明了、思路清晰,便于故障分析。

(3)性能优良,控制方式灵活,抗干扰能力强,工作稳定可靠,可保证设备的安全连续运行。

(4)具备电机过载、短路等自动保护功能,使用安全,维护简便。

6. 使用条件范围

(1)电源电压波动:≤±10%;

(2)周围环境温度:-10～40 ℃;

(3)空气相对湿度:20%～90%;

(4)无导电尘埃及能腐蚀金属和破坏绝缘的气体的场所、无爆炸危险的场所、无剧烈振动和倾斜度≤5°的场所、有防雨防振设备和无水蒸气的场所。

2.3.2 潜污泵系统

1. 设备概述

潜污泵是一种泵与电机连体,并同时潜入液下工作的泵类产品,如图 2.28 所示。

图 2.28 潜污泵

按其工作原理可分为以下 3 类:

(1)叶片式水泵:它对液体的压送是靠装有叶片的叶轮高速旋转而完成的。属于这一类的有离心泵、轴流泵、混流泵。其中地铁排水系统采用的为离心泵中的潜污泵。

（2）容积式水泵：它对液体的压送是靠泵体工作室容积的改变来完成的。一般使工作室容积改变的方式有往复运动和旋转运动。属于往复运动这一类的如活塞式往复泵、柱塞式往复泵等。属于旋转运动这一类的如转子泵等。

（3）其他类型水泵：此类泵是指除叶片式水泵和容积式水泵以外的特殊泵，它是利用高速液流或气流的动能或动量来输送液体的。主要有螺旋泵、射流泵、水锤泵、水轮泵以及气升泵。

往复泵的使用范围侧重于高扬程、小流量；轴流泵和混流泵的使用范围侧重于低扬程、大流量；离心泵的使用范围则介乎两者之间，工作区间最广，产品的品种、系列和规格也最多。

以上用于地铁给排水各种类型的水泵，都是以叶片泵为主。本教材将以叶片式泵作为主要介绍对象。叶片式水泵按照性能、结构、使用上的特点，可分成以下几种类型：

按照叶轮的数量，可分为单级和多级水泵两种。多级水泵是在同一泵轴上同时安有几个叶轮，水在泵中顺序地流过各叶轮。多级水泵送水的高度要比单级的高，并随叶轮的增加而增加。

按照叶片泵使用上的特点，有潜水泵、长轴泵、水轮泵等。潜水泵又称潜水电泵，它是将电动机和水泵制成一体，全部潜在水中工作。使用方便，又便于携带移动，常用作农村中机动的排灌溉机械。长轴泵是专门从井中抽水的泵，泵的动力机与泵之间用长轴相连，由长轴传递转矩到泵中叶轮。根据送水高度分成深井泵和浅水泵。水轮泵是用有一定水位的水推动水轮机，带动水泵叶轮，以便把水送至更高处，或用来抽水。

按照桨轴位置不同，可分立式水泵和卧式水泵，立式的转动轴与水面垂直。卧式的转动轴与水面平行。

按照叶轮进水情况，可分为单面进水和双面进水。

按照水泵出口处的水压，水泵还可分成低压、中压、高压三大类。

以上都是以某一方面进行分类，实际上其结构都是综合的，如立式轴流泵、多级高压深井泵、单级双面吸水卧轴离心泵等。

2. 潜污泵构造及工作原理

离心泵是利用叶轮旋转产生的离心力进行工作的。开泵前，吸入管和泵内必须充满液体。开泵后，叶轮高速旋转，其中的液体随着叶片一起旋转，在离心力的作用下，飞离叶轮向外射出，射出的液体在泵壳扩散室内速度逐渐变慢，压力逐渐增加，然后从泵出口，排出管流出。此时，在叶片中心处由于液体被甩向周围而形成既没有空气又没有液体的真空低压区，液池中的液体在池面大气压的作用下，经吸入管流入泵内，液体就是这样连续不断地从液池中被抽吸上来又连续不断地从排出管流出。

潜污泵是一种特殊结构的叶片式泵,驱动泵的电动机与泵制成 1 个整体,共用 1 根轴,潜入水中运行,其结构可简述如下:

水泵叶轮直接装在电动机的轴上,电动机旋转,从而带动叶轮旋转,将液体通过涡壳而输送到出水管。转子轴依靠上、下两道轴承来固定,电机全部密封,密封有两种形式,静密封和动密封(机械密封),电机与叶轮、涡壳之间带有油腔,装有润滑油,对轴承和机械密封起润滑作用。

根据泵功率的大小,潜污泵的各主要部件、结构也有区别,其主要部件及功能为:

(1)叶轮:潜污泵最重要的工作元件,是过流部件的心脏。

(2)涡壳:潜污泵的压水室形成为涡壳,收集从叶轮流出的液体,引向出水管。

(3)电机定子部件、转子部件:原动机部件。

(4)上轴承:球轴承对转子起支撑作用,同时承受泵工作时产生的径向力。

(5)下轴承:球轴承对转子起支撑作用,同时承受泵工作时产生的部分径向力和全部轴向力。

(6)机械密封、O 形密封圈:阻止液体进入油室和密封电机腔内。

(7)罩盖:位于电机上部,与电机形成 1 个封闭腔,同时电缆从其上部穿出。

(8)泄漏报警电极:装在油室内,一旦有水泄露进油室,即报警。

3. 就地控制箱

(1)基本功能要求。

就地控制箱具有潜污泵自动启动、手动启动、切换工作、保护报警、联动监控等功能,对于暗装要求的控制箱,最大厚度不超过 250 mm。控制箱的开关和接触器的容量不大于上级配电箱的开关和接触器容量。

(2)基本技术要求。

①就地控制箱具有现场水位自动控制、就地手动控制和通过就地控制箱实现的远程控制,共三种控制方式。远程控制由车控室 BAS 强制启动。就地控制箱外壳防护等级不低于IP65 级(含 IP65)。

②就地控制箱采用一控二、一控三的方式,水泵通过控制箱实现水池液位自动控制、现场手动控制和控制室远程控制的功能,其中水池液位控制方式通过检测投入式液位计的水位预设信号(传送至就地控制箱)与潜污泵联动来实现。当泵内的介质超过设定温度或没有介质通过时,水泵将自动停机。

③当系统检测到水泵故障时,发出故障报警信号,同时自动投入备用水泵。

④工作/备用泵自动轮换:系统自动统计每台泵的运行时间和启动次数,并根据每台泵

的运行时间或启动次数自动轮换工作和备用,实现水泵互为备用的功能,并且当工作方式自动切换时,自动发出指示信号。

⑤现场显示功能:控制箱需设置电流表、电压表、开关指示灯等显示设备运行和故障状态等。

⑥当操作选择开关置于"手动"位置时,通过控制箱面板上的手动起、停按钮,实现水泵的起、停控制。手动控制一般用于设备检修和现场调试。

⑦站与区间隧道。废水泵房的集水池内一般设潜污泵2台,平时互为备用,依次轮换工作,消防或必要时2台水泵同时工作。具有现场水位自动控制、就地手动控制、车控室远程强制启动3种控制方式。集水池内设停泵水位、第1台泵启泵水位、第2台泵启泵水位、高报警水位和低报警水位共5个水位。其控制要求如下:

停泵水位:当水位到达停泵水位时,2台泵均停止工作。且无论采取手动或自动控制,回路应保证2台泵都无法开启。

第1台泵启泵水位:当水位到达第1启泵水位时,第1台泵开启运行。

第2台泵启泵水位:当水位到达第2启泵水位时,控制回路保证2台泵都处于运行状态。

高报警水位:当水位达到高报警水位时,发出高报警信号。

低报警水位:当集水池水位到达低报警水位时,发出低报警信号。

无论集水坑内水位处于何种状态,均可以通过设定的控制回路在车控室远程强制启动、停止水泵。

⑧洞口雨水泵房的雨水集水池内设潜污泵3台,互为备用,平时依次轮换工作,保证均衡使用,根据水位情况启动1台水泵、2台水泵、3台水泵。洞口雨水泵采用一控三的软启动方式启动水泵。具有现场水位自动控制、就地手动控制、车控室远程强制启动3种控制方式。集水池内设低报警水位、停泵水位、第1台泵启泵水位、第2台泵启泵水位、第3台泵启泵水位、高报警水位共6个水位。其控制要求如下:

低报警水位:当集水池水位到达低报警水位时,发出报警信号。

停泵水位:当水位达到停泵水位时,3台泵均能停止工作。且无论采取手动或自动控制,控制回路保证3台泵均无法开启。

第1台泵启泵水位:当水位到达第1台泵启泵水位时,第1台泵开启运行。

第2台泵启泵水位:当水位到达第2台泵启泵水位时,第2台泵开启运行。

第3台泵启泵水位:当水位达到第3台泵启泵水位时,控制回路保证3台泵都处于运行状态。

高报警水位:当水位达到危险水位时,发出报警信号。

无论集水坑内水位处于何种状态,均可以通过设定的控制回路在车控室远程强制启动、停止水泵。

⑨出入口扶梯下、风亭、电缆井底部、底板局部下降处等局部废水泵房集水坑内设潜污泵两台,平时互为备用,依次轮换工作,必要时两台同时工作。具有现场水位自动控制、就地手动控制、车控室远程强制启停3种控制方式。集水池内设低报警水位、停泵水位、第1启泵水位和第2启泵水位(同时为超高水位报警输出)共4个水位。其控制要求如下:

低报警水位:当集水池水位到达低报警水位时,发出报警信号。

停泵水位:当水位到达停泵水位时,2台泵均应停止工作。

第1启泵水位:当水位到达第1启泵水位时,第1台泵开启运行。

第2启泵水位(同时为超高水位报警输出):当水位到达第2启泵水位时,控制回路保证2台泵都处于运行状态,同时发出报警信号。

无论集水坑内水位处于何种状态,均可以通过设定的控制回路远程强制启动、停止水泵。

(3)保护和报警功能

①潜污泵成套设备控制系统对水泵电机具备比较完整的控制、保护、测量等功能。

②就地控制箱具备在水泵运行过程中出现故障时进行报警的功能(声、光及报警接点),并停止故障水泵运行,自动投入备用水泵运行。并将相关信号上传给 BAS 系统;设置"信号总清按钮",可以解除故障报警(蜂鸣器),当故障解除消失后,相应的故障指示灯灭,如图 2.29、图 2.30 所示。

图 2.29　就地控制箱

图 2.30　就地控制箱内部

③报警内容:包括但不限于电源故障、水泵故障、集水池水位过高、备用泵启动等。

2.3.3 消防泵及稳压泵(喷淋泵及稳压泵)

1. 设备概述

消防泵顾名思义,消防上用的泵,消防泵是引进国外产品,如图2.31所示。根据不同的分类方式分为不同的种类。消防泵以全密封、无泄漏、耐腐蚀的特点,广泛应用于环保、水处理、消防等部门,是用来抽送各类液体,创建无泄漏、无污染文明车间、文明工厂的理想用泵。消防系统的泵类型都差不多,只是扬程和流量有不同。消防泵的选型,应根据工艺流程,给排水要求等五个方面加以考虑。消防泵的性能、技术条件应符合《消防泵性能和试验方法》标准的要求。

稳压泵是消防泵的一种,用于自动喷水灭火系统和消火栓给水系统的压力稳定,使系统水压始终处于要求压力状态,一旦喷头或消火栓出水,即能流出满足消防用水所需的水量和水压,如图2.32所示。

图2.31 消防泵

图2.32 稳压泵

2. 工作原理

原动机带动叶轮旋转,将水从 A 处吸入泵内,排送到 B 处。泵中起主导作用的是叶轮,叶轮中的叶片强迫液体旋转,液体在离心力作用下向四周甩出。这种情况像转动的雨伞,雨伞上的水滴向四周甩出去。泵内的液体甩出去后,新的液体在大气压力下进到泵内。如此连续不断地从 A 处向 B 处供水。泵在开动前,应先灌满水。如不灌满水,叶轮只能带动空气旋转,因空气的单位体积的质量很小,产生的离心力甚小,无力把泵内和排水管中的空气排出,在泵内造成真空,水也就吸不上来。泵的底阀是为灌水用的,泵出口侧的调节阀是用调节流量的。车用消防泵在开动前,可灌满水,遇到必须从自然水源吸水时,需要启动引水器,把泵室及吸水管内的空气排出,液体在大气压力下进到泵内,这样泵也可连续不断地吸水了。

2.3.4　污水提升装置

1. 设备概述

污水提升装置是将排污泵和集水箱、控制装置,以及相关的管件阀门组成了一套系统,用于提升和输送低于下水道或者远离市政管网的废污水。可以有效地解决或者避免传统集水坑存在的问题。

2. 工作原理

山东双轮一体式提升泵站是配置了以持续高效无堵塞切割泵为核心,集以高密度聚乙烯集水箱,灵敏的多重液位计,阀门等整体密闭排污解决方案。有效地解决了在地下空间,传统混凝土式结构的集水坑占地面积大,设备安装困难以及难以消除异味的问题。

污水提升装置应用场合众多,如公寓楼、别墅区等大型民用建筑,宾馆、行政楼、购物中心、商场,会所等商业建筑,医院、护理院、疗养院、博物馆、地铁站、飞机场、客运中心、交通枢纽等公共交通设施。

(1)设备特点。

①密闭污水提升泵站的核心是自动切割污水泵。由于采用独特的设计,自动切割污水泵能够在很长的运行过程中,保持很高的效率。且运行时无故障,使用寿命长,不必经常维护保养,可以减少客户的运行成本。

②泵体卧式安装,维护简便,节省空间,节省投资费用,设备配套出口闸阀。止回阀及出水连接管路,如图 2.33 所示。

图 2.33　密闭污水提升装置

③高强度耐腐蚀集水箱。高密度聚乙烯（HDPE）适应范围广，结构紧凑同时保证了箱体的有效气密性，防止异味泄露。

④配套液位计。液位传感器可提供四个不同高度的液位信号至控制设备，使用超过一个集水箱的提升泵站，液位传感器必须安装在与进口相连的集水箱内。集水箱液位在双泵运行后仍能到达高液位报警开关处，说明箱体入口流量远超预期，系统需要停机并进行维护。

⑤配套电缆。使用潜水型电缆，该电缆是一种专为重型潜水泵开发设计的柔性电缆。它专为严苛的运行环境设计，在机械性能特别是在抗拉、抗腐蚀和抗张度方面，超越了通常的标准。另外，潜水电缆还显示出了低吸水性能，这意味着它能长期在水中保持其机械和电力性能不变。

动力电缆的尺寸符合IEC标准并提供足够的长度以接入接线盒且不需拼接，电缆外护套是低吸收性的防油氯丁橡胶，并且机械柔性能承受电缆进线处的压力，电缆至少能在水下20 m处连续使用而不失去其防水性能，更适合在污水的环境中使用。

2.3.5 室外消火栓

室外消火栓是设置在建筑物外面消防给水管网上的供水设施，主要供消防车从市政给水管网或室外消防给水管网取水实施灭火，也可以直接连接水带、水枪出水灭火，是扑救火灾的重要消防设施之一，如图2.34所示。

温州S1线是环状消防给水管网。城镇市政给水管网、建筑物室外消防给水管网应布置成环状管网，管线形成若干闭合环，水流四通八达，安全可靠，其供水能力是枝状管网的1.5~2.0倍。但室外消防用水量不大于15 L/s时，可布置成枝状管网。输水平管向环状管网输水的进水管不应小于2条，输水管之间要保持一定距离，并应设置连接管。室外消防给水管网的管径不应小于100 mm，有条件的，其管径不应小于150 mm。

图2.34 室外消火栓

2.3.6 阀 门

1. 设备概述

阀门是在流体系统中，用来控制流体的方向、压力，使配管和设备内的介质（液体、气体、粉末）流动或停止并能控制其流量的装置。

阀门可用于控制空气、水、蒸汽、各种腐蚀性介质、泥浆、油品、液态金属和放射性介质等各种类型流体的流动。阀门是管路流体输送系统中的控制部件,它用来改变通路断面和介质流动方向,具有导流、截止、节流、止回、分流或溢流卸压等功能。

2. 按作用和用途分类

(1)截断类:如闸阀、截止阀、旋塞阀、球阀、蝶阀、针型阀、隔膜阀等。截断类阀门又称闭路阀、截止阀,其作用是接通或截断管路中的介质。

(2)止回类:如止回阀,止回阀又称单向阀或逆止阀,止回阀属于一种自动阀门,其作用是防止管路中的介质倒流、防止泵及驱动电机反转,以及容器介质的泄漏。水泵吸水关的底阀也属于止回阀类。

(3)安全类:如安全阀、防爆阀、事故阀等。安全阀的作用是防止管路或装置中的介质压力超过规定数值,从而达到安全保护的目的。

(4)调节类:如调节阀、节流阀和减压阀,其作用是调节介质的压力、流量等参数。

(5)分流类:如分配阀、三通阀、疏水阀。其作用是分配、分离或混合管路中的介质。

(6)特殊用途类:如清管阀、放空阀、排污阀、排气阀、过滤器等。排气阀是管道系统中必不可少的辅助元件,广泛应用于锅炉、空调、石油天然气、给排水管道中。往往安装在制高点或弯头等处,排除管道中多余气体、提高管道用效率及降低能耗。

3. 按连接方法分类

(1)螺纹连接阀门:阀体带有内螺纹或外螺纹,与管道螺纹连接。

(2)法兰连接阀门:阀体带有法兰,与管道法兰连接。

(3)焊接连接阀门:阀体带有焊接坡口,与管道焊接连接。

(4)卡箍连接阀门:阀体带有夹口,与管道夹箍连接。

(5)卡套连接阀门:与管道采用卡套连接。

(6)对夹连接阀门:用螺栓直接将阀门及两头管道穿夹在一起的连接形式。

4. 常用阀门

地铁给排水系统的阀门主要有闸阀、蝶阀、止回阀(单向阀)、排气阀、安全阀,卫生间的各种冲洗水阀如水龙头(水嘴)、小便冲洗阀、大便冲洗阀。

(1)闸阀

闸阀(图2.35)在介质通过阀体时流动方向不变,因此产生的流动阻力小;安装时没有方向性;开启缓慢,不会产生水锤。缺点是结构复杂,外形尺寸大;闭合面磨损快,维

图 2.35　闸阀

修不方便。

（2）蝶阀

地铁采用的蝶阀按驱动方式分为手动蝶阀和电动蝶阀，如图 2.36 和图 2.37 所示。蝶阀重量轻，体积小，与金属密封的闸阀和截止阀相比，采用软密封的蝶阀可实现完全气密，蝶阀操作简便，在 90°回转范围内即可实现启闭功能（图 2.38）。

图 2.36　手动蝶阀

图 2.37　电动蝶阀

图 2.38　蝶阀

（3）止回阀（单向阀）

止回阀的动作是利用阀前阀后的压力差使阀门完成自动启闭，从而控制管道中的介质只向一定的方向流动。当介质即将倒流时，它能自动关闭，而阻止介质逆向流动。地铁给排水系统采用的止回阀为排水泵站和市政给水引入管上的橡胶瓣止回阀，如图 2.39 所示。

图 2.39　止回阀

橡胶瓣止回阀(旋启式单向阀)的特点是当水流通过阀体时,阀瓣(红色部分)旋转一定的角度,以达到开启或止闭的目的。

(4)排气阀

在一般情况下,水中约含少量的溶解空气,在输水过程中,这些空气由水中不断释放出来,聚集在管线的高点处,形成空气袋,使输水变得困难,系统输水能力可因此下降约 5% ～ 15%。排气阀的作用是排除管道中聚集的空气,如图 2.40 所示。

当排气阀阀体内充满液体时,浮球(图中银色部分)受到浮力后浮起,位于浮球顶部的胶垫对排气孔起密闭作用,使液体不从排气孔流到阀体外;当空气进入阀体时,浮球受到的浮力下降,浮球下落,顶部的胶垫离开排气孔,从而使排气孔打开,气体从排气孔排到阀体外,当排完空气时,浮球再次上升,关闭排气孔。与闸阀、蝶阀不同的是,排气阀不需人工或电动操作,完全由水力控制完成动作,所以是一种水力控制阀。

(5)倒流防止器

生活饮用水管道上接出的非生活饮用水管道中,不论其中的水是否已被污染,只要倒流入给水管道,均称为倒流污染。倒流防止器(图 2.41)是由 2 个止回阀组成,另带过滤器,防止管内污水倒流至给水管网中。

图 2.40　排气阀　　　　　　　　　　图 2.41　倒流防止器

2.4 站台门设备的基础知识

2.4.1 术语与定义

站台门设备术语见表 2.3。

表 2.3 站台门设备术语

缩 写 词	英 文 解 释	中 文 解 释
ASD	automatic sliding door	滑动门
EED	emergency escape door	应急门
FIX	fixed panel	固定门
PED	manual secondary door	端门
PSL	PSD local control panel/PSD	就地控制盘
PSC	platform station controller	中央接口盘
DCU	door control unit	门控单元
DOI	door open indicator(light alarm)	门状态指示灯
EOI	emergency escape door open indicator(light alarm)	应急门状态指示灯
LCB	local control box	就地控制盒
PEDC	platform end door controller	逻辑控制单元
PSD	platform screen door	站台屏蔽门
SIG	signal system	信号系统
UPS	uninterrupted power supply	不间断电源
IBP	integration backup panel	综合后备盘

2.4.2 站台门系统接口

1. 站台门系统与环境与设备监控系统的接口

PSC 将与运营相关的屏蔽门状态及故障信息通过电缆或光缆通道发送至环境与设备监控系统,由环境与设备监控系统实现屏蔽门相关状态的查询及故障报警、运营月报表生成、运营故障记录等。屏蔽门运行的关键状态及故障信息由与环境与设备监控系统的接口通过光纤发送至控制中心服务器。

2. 站台门系统与信号系统的接口

当列车进站,信号系统确认列车停在允许范围内时,向 PSD 系统发出开门命令,PSD 系统收到开门命令后,由 PSD 系统完成 PSD 开门动作。

信号专业需预留与屏蔽门专业四六编组信号接口,远期开行四六混跑列车时刻时,信号专业向 PSD 系统发出开门命令的同时,需自带列车编组信号,PSD 系统收到开门命令及编组指令后,完成开 4 编组滑动门或 6 编组滑动门信号。

当列车离站时,信号系统向 PSD 系统发出关门命令,PSD 收到关门命令后,由 PSD 系统完成关门动作。

当 PSD 所有滑动门都关闭且锁紧时,PSD 向信号系统发出锁闭信号,若其中一个单元没有锁闭则不能发出锁闭信号,信号系统收到 PSD 锁闭信号后,允许列车发车,若未接收到屏蔽门闭锁状态信号,则不允许列车驶入或驶出站台区域,已接近站台的车辆将实行紧急制动。

当 PSD 系统出现故障时,为保证运营,通过解除 PSD 与信号系统的互锁使列车能够正常发车,PSD 向信号系统发出"滑动门/应急门"互锁解除信号,信号系统接收到互锁解除信号后,解除信号系统对 PSD 系统的状态检查和互锁关系。

3. 站台门系统与 BAS 系统的接口

整个车站的屏蔽门监视系统通过冗余的以太网接口与 BAS 系统进行接口,由 BAS 系统负责对屏蔽门系统的状态进行监视,如图 2.42 所示。

IBP 盘面设计及设备由 BAS 专业负责,并提供 IBP 盘上"屏蔽门/安全门"相关指示灯和开关,BAS 负责完成 PSD 和 IBP 之间接口的电缆设计以及敷设,如图 2.43 所示。

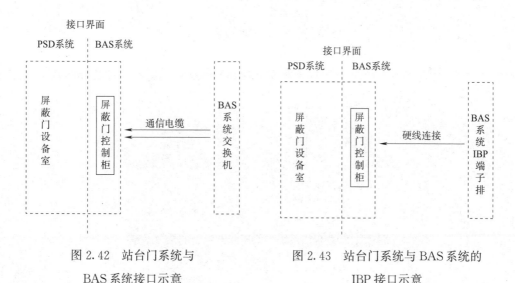

图 2.42　站台门系统与　　　　　图 2.43　站台门系统与 BAS 系统的
BAS 系统接口示意　　　　　　　　　IBP 接口示意

4. 站台门系统与车辆的接口

屏蔽门/安全门轨道侧最外沿在任何情况下都不侵入车辆动态包络线,并满足限界对屏蔽门的要求,保证列车行驶安全。

5. 站台门系统与房建专业的接口

站台门系统与房建专业的接口见表 2.4。

表 2.4　站台门系统与房建专业的接口

序号	位　置	接　口　内　容
1	站台板边缘	1. 高架站站台板边缘由土建预留 150 mm(深)×400 mm(宽); 2. 站台板边缘需要由土建预留的安装位置,并已考虑 ASD 安装垂直负载和水平负载; 3. ASD 在站台上的安装,下部与站台板边缘固定,ASD 的设计满足 ASD 受力要求;标准门底部结构件选用螺栓固定; 4. 承重底座结构具备三维方向可调节的功能,以满足土建公差
2	端门	1. 根据站台两端门单元处的土建结构提供端门设计; 2. 端门的安装及选用材料将符合 PSD 上部(与外墙接口)、下部安装相关要求; 3. 端头门底部结构件选用螺栓固定

6. 站台门系统与低压配电系统的接口

低压配电系统向 PSD 系统提供两路独立三相四线制 380 V 电源,负荷等级为一级,供安全门使用,电压波动范围应不大于额定值的±10%。

低压配电系统负责提供双电源自动切换箱,接口分界点在双电源切换箱低压断路器出线下端口处,如图 2.44 所示。

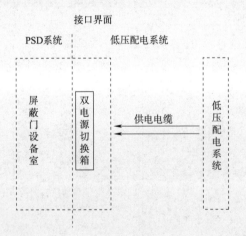

图 2.44　站台门系统与低压配电系统的接口示意

2.4.3　屏蔽门的介绍(PSD)

1. 屏蔽门的种类

根据结构形式的不同,温州 S1 线屏蔽门可分为以下几种。

(1)全封闭式屏蔽门

全封闭式屏蔽门如图2.45所示,它是一道从站台天花板至地板的全封闭式玻璃隔离墙和闸门,沿着车站站台边缘和两端头设置,将站台候车区与列车进站停靠区完全隔离。这种屏蔽门系统的主要功能是提高安全性、节约能耗以及降低噪声等,其适合新建或已运营路段增建站台门的轨道交通系统。

图2.45　S1线全封闭式屏蔽门

(2)半高式屏蔽门

半高式屏蔽门如图2.46所示,其为站台地板至天花板间提供半封闭式的闸门,虽然它遮蔽的范围仅一半,但其提供的安全保护性能没有打折扣,乘客依然可在安全的环境下候车。半高式屏蔽门同样适合新建或已运营路段增建站台门的城市轨道交通系统。

图2.46　S1线半高式屏蔽门

2. 屏蔽门系统技术发展趋势

目前,屏蔽门系统门体以金属结构为主,存在与土建结构比绝缘水平低的问题,其主要原因是外界环境因素对门体的绝缘指标影响较大。具体影响因素:一是在设备安装施工期间,其他专业施工对门体绝缘的影响和破坏,包括各个专业施工时的物料堆放、水泥砂浆的流淌、供水打压漏水、水管跑水等;二是运营期间环境温度、湿度的变化,导致门体绝缘失效,这种情况既普遍,又不可控。

金属结构门体屏蔽门绝缘性能差,存在安全隐患。一是存在乘客被电击的可能性;二是在门体绝缘达不到要求时,如果进行轨道等电位连接,就相当于人为制造了由轨道通过屏蔽门门体到大地的杂散电流通路,接触网上的电流会有很大一部分顺着这个通路流掉,从而加快车站主体结构钢筋的电化学腐蚀,使车站主体土建结构强度降低,甚至存在主体结构垮塌的可能性。同时,还将增加运营电费。鉴于金属门体屏蔽门存在绝缘安全隐患,开发了一种由绝缘材料构成的复合门体屏蔽门(以下简称"复合门体"),以解决屏蔽门门体绝缘性能差的问题。复合门体屏蔽门的应用特点:

(1)复合门体结构直接与站台土建结构连接,不需要再做绝缘处理,安装工艺简化。

(2)取消门体与钢轨之间的等电位电缆连接,这样,既可减少工程量,又能阻断轨道电路可能出现的杂散电流通路。

(3)屏蔽门结构的金属构件等电位连接后直接接地,符合《低压配电设计规范》(GB 50054—2011)的相关要求。

(4)彻底消除屏蔽门绝缘问题引起的运营安全隐患,保障乘客和司乘人员的人身安全。大大减轻屏蔽门门体重量,安装调试与金属结构门体一样,不增加任何额外工作量。

(5)复合门体的表面外观可以根据业主要求进行设计,表面可采用热转印、涂覆膜预压膜等多种工艺方法处理,达到多颜色、多质地亮光、亚光等不同的美化效果。

目前,利用复合材料成型及加工技术制造的复合门体屏蔽门样机已经完成结构测试,门体的各项机械性能指标完全符合要求。针对具体城市轨道交通线路中屏蔽门系统的要求进行二次复合结构设计后,将实现复合门体屏蔽门的批量生产及在城市轨道交通车站站台上的应用。

2.4.4 端门系统的介绍(MSD)

端门是列车在区间隧道火灾或故障时乘客疏散的通道,也是车站人员进出隧道的通道。正常运营状态,端门保证关闭并锁紧,且不会由于风压导致端门解锁打开,端门能承受水平载荷。

端门活动门上设有门锁装置,乘客可从轨道侧推压门锁推杆开门,站台人员可用钥匙从站台侧打开。端门打开后能自动复位至关闭。开门推杆设有明显的指示标识。端门活动门向站台侧旋转 90°平开，能定位保持在 90°开度。端门开度小于 90°时，可通过闭门器自动复位。端门活动门的状态信息能传送到 PSC，再由 PSC 上传至 BAS 系统进行显示，如图 2.47、图 2.48 所示。

图 2.47　S1 线高架站端门

图 2.48　S1 线地下站端门

2.4.5　应急门的系统介绍（EED）

应急门设置在固定门位置。正常运行状态，应急门保证关闭且锁紧，在公共区与隧道区间起隔离作用；当列车进站无法对准滑动门时，可作为乘客急疏散通道，如图 2.49、图 2.50 所示。

图 2.49　S1 线高架站应急门

图 2.50　S1 线地下站应急门

　　应急门向站台侧旋转 90°平开,能定位保持在 90°开度,不自动复位,开关门时,其锁销与门扇部件与站台地面(含盲道)之间不产生摩擦。

　　应急门在站台侧设门锁装置,站台工作人员可在站台用钥匙开门,轨道侧设有开门推杆,推杆与门锁联动,乘客在轨道侧推压开门推杆将门打开。开门推杆有颜色区别,并设有明显的指示标识。

　　EED 门锁闭信号和解锁状态信号反馈到中央控
制盘(PSC)中,由 PSC 上传到 BAS 系统并显示。

2.4.6　就地控制盘的介绍(PSL)

　　当因信号系统(SIG)故障、站台门安全回路断开
或站台门控制系统对门控单元(DCU)控制故障时,由
司机、站务或站台门专业人员操作此开关控制站台
门。位于每侧站台头端小站台处,与列车正常停车时
驾驶室门相对应的位置均设有一套。

　　其中桐岭站下行站台、动车南站上行站台、新桥
站下行站台、三垟湿地站上行站台、奥体中心站上行
站台、机场站上行站台和双瓯大道站上行站台尾端也
有 1 套 PSL,如图 2.51 所示。其采用互锁控制方式,
先使能者有效,PSL 面板元件及状态说明见表 2.5。

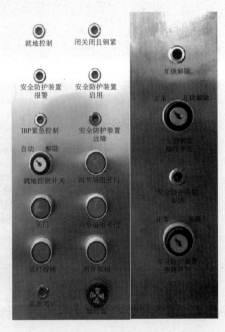

图 2.51　S1 线 PSL

表 2.5　PSL 面板元件及状态说明

功　能	性　质	功　能　作　用
就地控制指示灯	绿色指示灯	PSL 使能,指示灯亮
门关闭且锁紧指示灯	绿色指示灯	相对应侧站台所有单元门关闭且锁紧,安全回路通,指示灯亮
安全防护装置报警指示灯	红色指示灯	安全防护装置报警,指示灯亮
安全防护装置启用指示灯	绿色指示灯	安全防护装置启用,指示灯亮
IBP 紧急控制指示灯	红色指示灯	车控室 IBP 使能,指示灯亮
安全防护装置故障指示灯	红色指示灯	安全防护装置故障,指示灯亮
就地控制开关	两位钥匙旋钮	拧到"就地"位(即 PSL 使能),PSL 可操作相对应侧单元门开关门,拧到"自动"位,操作无效
四节编组开门按钮	红色按钮	PSL 使能,按下四节编组开门按钮,相对应侧站台单元门打开
关门按钮	绿色按钮	PSL 使能,按下关门按钮,相对应侧站台单元门关闭
六节编组开门按钮	红色按钮	PSL 使能,按下六节编组开门按钮,相对应侧站台单元门打开
试灯按钮	绿色按钮	维保时,按下此按钮,可检测面板上指示灯状态的好坏,正常是全亮的
消音按钮	绿色按钮	按下此按钮,报警声消失
系统测试指示灯	绿色指示灯	系统测试时,指示灯亮
蜂鸣器	黑色报警装置	安全防护装置报警时及试灯时,蜂鸣器响
互锁解除指示灯	红色指示灯	互锁解除触发指示灯亮
互锁解除操作开关	两位钥匙旋钮	拧到"互锁解除"位时,整侧站台门安全回路旁路,拧到"正常"位时,整侧站台门安全回路不旁路
安全防护装置旁路指示灯	黄色指示灯	安全防护装置旁路时,指示灯亮
安全防护装置旁路操作开关	两位钥匙旋钮	拧到"旁路"位时,整侧安全防护装置旁路,拧到"正常"位时,整侧安全防护装置不旁路

2.4.7　激光防护装置的介绍

1. 功能概述

该装置为用于地铁站台屏蔽门间隙防护的激光探测装置,其包括激光发射机,激光接收机,控制主机。安装位置在进站、出站端屏蔽门端门外侧,如图 2.52 所示。其主要功能为:

(1)能探测屏蔽门和列车门之间的障碍物。

(2)具有探测到障碍物和旁路的声光报警功能。

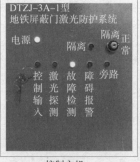

激光发射机　　　　　控制主机　　　　　激光接收机

图 2.52　S1 线激光防护装置

2. 工作原理

激光发射机由激光发射器、调制激励电源及相应的方向调整机构组成。激光接收机由激光接收器、光电信号处理器以及相应的支撑机构组成。激光发射机发射出的定向极强、频率单一、相位一致的激光束,以不可见调制激光束形成探测线束,采用遮挡报警的方式对屏蔽门与车体之间的狭长空间进行封闭布防的激光探测系统,如图 2.53 所示。

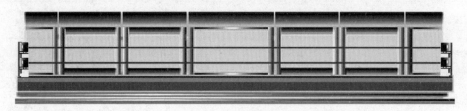

图 2.53　S1 线激光防护装置工作原理示意

3. 操作说明

(1)电源指示灯:电源柜向激光控制主机供电正常时,电源白灯亮;不供电时,电源灯灭。

(2)控制输入灯:控制主机接收到关门锁紧信号时,控制输入绿灯灭;开门时,绿灯亮。

(3)激光探测灯:进行激光探测时,激光探测绿灯亮;不探测时绿灯灭。

(4)故障检测灯:设备出现相关故障时(信号线断线报警、探测光束偏移),故障检测灯亮红灯,蜂鸣器报警;无故障时亮绿灯。

(5)障碍报警灯:激光探测期间,检测到障碍物时,障碍报警灯亮红灯,蜂鸣器报警;无障碍物时,亮绿灯。

(6)隔离开关:隔离钥匙开关操作到"隔离"时为隔离模式,操作到"正常"时恢复正常工作状态。

(7)旁路灯:SL 钥匙开关至"旁路"状态时,激光控制主机"旁路"灯亮。

S1 线激光发射器、激光接收器、激光控制主机如图 2.54～图 2.56 所示。

逆时针旋转，光束调低

垂直调整螺丝

水平调整螺丝

逆时针旋转，光束调向站台侧

顺时针旋转，光束调向轨道侧

图 2.54　S1 线激光发射器

报警指示灯(绿色)

探测装置进入工作状态后，
接收机正常接收激光束后，
报警指示灯亮；如激光束被
遮挡或激光完全偏移，报警
指示灯不亮，产生报警

预警指示灯(黄色)

探测装置进入工作状态后，如激光束被遮
挡或激光产生小范围偏移，预警指示灯亮，
不产生报警，提示光偏，需尽快调整光束

图 2.55　S1 线激光接收器

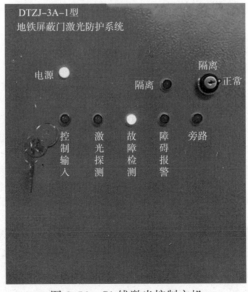

图 2.56　S1 线激光控制主机

2.4.8 PSC 柜介绍

1. 功能概述

每个车站的屏蔽门设备室内均设置一个 PSC,内部包含两套逻辑控制单元和至少一套监视系统,分别控制上行及下行两侧屏蔽门,PSC 由单元控制器、监视设备、显示终端和外围接口构成。对于岛式站台和侧式站台,PSC 包括所有单元控制器,分别控制所有站台的屏蔽门。整个车站的屏蔽门监视系统通过冗余的以太网接口与 BAS 系统进行接口,由 BAS 系统负责对屏蔽门系统的状态进行监视,如图 2.57 所示。

图 2.57 S1 线 PSC 柜

2. 中央控制盘(PSC)柜体配置要求

(1)PSC 输入电源具有过流、过压保护。

(2)PSC 具有抗震、防尘、防潮及抗电磁干扰要求,并满足地铁环境要求,防护等级不小于 IP31。

(3)能够通过 PSC 液晶显示屏和手提电脑或便携式测试设备接口进行屏蔽门的维护和状态查询。

(4)每个 PSC 内所有设备共用盘内的接线端子及其他辅助设备。每种类型的接口端子保证预留 20% 的余量。

(5)PSC 盘体外形不大于(宽×高×深)800 mm×2 000 mm×600 mm。

(6)PSC 将箱内设备相关的状态信息显示在箱体外表面,正常用绿灯显示,故障用红灯显示。

2.4.9 电源柜的介绍

1. 功能概述

半高门系统为一级负荷,两路交流输入经低压配电箱切换后给半高门系统供电。供电电源由相互独立的驱动模块和控制模块组成。驱动电源由整流模块、蓄电池、配电单元、监控装置和绝缘监测模块组成;控制电源由整流模块、DC/DC 模块、DC/AC 模块、蓄电池、配电单元、监控装置和绝缘监测模块组成。

电源系统采用模块化设计,实现 $N+1$ 冗余备份。电源系统具有完善的保护功能、智能化的监控系统,实时监测系统运行的各种参数。电源系统为在线工作模式,实现在线插拔及在线维修功能,且具有良好的扩容性。

电源容量按六辆编组(双侧48道门单元)进行配置。在交流断电时,驱动蓄电池能保证双侧站台所有门单元动作 5 次,并维持半高门静载 1 h;控制蓄电池能提供控制设备持续运行 1 h 所需的能量。

2. 电源主要技术参数

交流输入电压:单路三相输入 380 V,50 Hz。

电压变化范围:380 V±20%。

频率变化范围:50 Hz±10%。

系统接地方式:TN-S。

交流输入及直流输出间相互电气隔离≥10 m。

不间断电源的交流输入和直流输出与不间断电源接地金属线的电位相隔离。

3. 系统构成

供电电源系统由驱动电源和控制电源组成。供电电源系统具有如下特点。

(1)驱动带载能力

采用的 K2A2OLS 整流模块是针对半高门冲击性负载特性专门设计,可以承受 2.5 倍的额定电流冲击。因此,在满足半高门需求的基础上,有效地降低了系统的额定功率,从而降低了供电电源的采购成本和安装空间。

(2)系统组建灵活

在模块化系统中,整流、逆变等部分都是可并联的模块,所以各个部分都可以根据用户的需要进行配置,有的系统整流模块需要多一些,有的系统为了提高输出的可靠性,逆变部分的模块又多一些,所有的这些需求都能够在模块化中得到灵活、快捷的实现。

(3)维护方便

所有模块都支持热插拔,无需专业维修人员,只要有备用模块,直接换上即可。

(4)可靠性高

由于系统主要部件都是并联冗余设计,一个模块出现故障不会影响其他模块的运行,故障模块自动退出系统。除蓄电池外,整个电源系统不存在单点故障,极大地提高了系统的可靠性。

(5)转换效率高

直流供电电源系统只经过了一级 AC/DC 变换后驱动电机供电,而交流 UPS 经过了 AC/DC、DC/AC 和 AC/DC 三级变换后给驱动电机供电。直流供电电源的整体效率比交流电源的整机效率要高,节能效果明显。

直流供电电源中,蓄电池直接挂接母线,在交流输入停电时,蓄电池直接对驱动和控制设备供电;而交流 UPS 则需经 DC/AC、AC/DC 后给驱动和控制设备供电。这样最大限度地利用了蓄电池,从而整体降低了蓄电池的成本(图 2.58、图 2.59)。

图 2.58　S1 线驱动电源柜

图 2.59　S1 线驱动控制柜

2.4.10　综合后备盘(IBP 盘)的介绍

IBP 盘(图 2.60)的控制模式设计以每侧站台为独立的控制对象。在车站紧急情况下(如火灾),在车站控制室操作 IBP 盘上的钥匙开关打到开门位,打开屏蔽门系统滑动门,滑动门完全打开后 PSC 面板、PSL 盘、IBP 盘上的"ASD/EED 开门"状态指示灯亮。本命令属于紧急状态下的紧急开门命令,优先级高于 PSL 控制和系统级控制(表 2.6)。

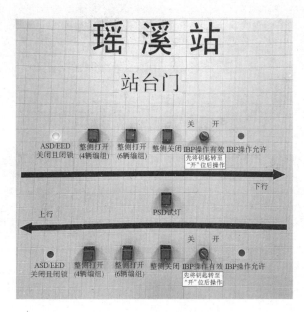

图 2.60　S1 线 IBP 盘

表 2.6　IBP 面板元件及状态说明

功　能	性　质	功　能　作　用
IBP 操作允许指示灯	黄色指示灯	IBP 使能,指示灯亮
ASD/EED 关闭且锁紧指示灯	绿色指示灯	相对应侧站台所有单元门关闭且锁紧,安全回路通,指示灯亮
整侧打开(4 辆编组)按钮	红色按钮	IBP 使能,按下整侧打开(4 辆编组)按钮,相对应侧站台单元门打开
整侧打开(6 辆编组)按钮	红色按钮	IBP 使能,按下整侧打开(6 辆编组)按钮,相对应侧站台单元门打开
整侧关闭按钮	绿色按钮	IBP 使能,按下整侧关闭按钮,相对应侧站台单元门关闭
PSD 试灯按钮	绿色按钮	维保时,按下此按钮,可检测面板上指示灯状态的好坏,正常是全亮的
IBP 操作有效开关	两位钥匙旋钮	拧到"开"位时,IBP 可操作相对应侧单元门开关门,拧到"关"位,操作无效

69

2.4.11 固定门的介绍(FIX)

(1)固定门设置在滑动门与滑动门之间、滑动门与端门之间,在站台公共区与隧道区域间起隔离作用。

(2)为提高屏蔽门的整体通透效果,门体尽量采用整体固定门,如图 2.61 所示。

图 2.61　S1 线固定门

第3章 ▶ 城市轨道交通机电系统运行与维护

3.1 机电系统设备维护概述

机电系统设备的预防性维护主要包括了为保障系统设备持续良好运行而进行的计划性检修，以及根据系统设备具体部件运行参数进行的清理、润滑、调整、更换，主要工作可分为按周期检修、按使用频次检修、故障发生频率等多种方式。具体检修内容一般以各城市地铁正式发布的检修规程为准。

基于设备类型的差异性，本节内容以温州 S1 线设备为例进行讲述。

3.1.1 设备巡检管理

设备巡检既是保证设备安全运行的重要手段，也是站台门设备"状态修"的重点工作内容，站台门设备主要是采用日巡检、周巡检、月巡检的方式，通过询问、观察、试验、数据测量、数据监控以及各种方法的巡视检查等，收集各类运行数据、缺陷问题，掌握设备技术状态和运行规律，分析运行数据，找出共性和个性问题，提出解决方案，指导设备维修工作。

巡检是指通过巡视、检查的方式确认站台门设备的运行状态，巡检方式分为日常巡检、周巡检等。巡检结果是确定维修计划的重要依据。

1. 日常巡检

巡检周期：每日 1 次。

巡检要求：根据日巡检记录表单内容及技术标准，对管内重点设备的运行状态进行检查、记录。

巡检范围：站台门系统设备；滑动门；应急门、端门；站台门就地控制盒；激光防护装置；PSC 柜；站台门电源柜。

2. 周巡检

巡检周期：每周 1 次。

巡检要求：根据周巡检记录表单内容及技术标准，对管内设备进行检查、记录。

巡检范围：包含日巡检所有项目。

3. 月巡检

巡检周期:每月 1 次。

巡检要求:根据月巡检记录表单内容及技术标准,对管内设备进行检查、记录。

巡检范围:包含日巡检和周巡检所有项目。

站台门系统设备:综合后备盘、固定门及其他附属设备设施。

3.1.2 维修管理

站台门设备的维修采用"状态修"与"计划修"相结合的方式进行,具体管理方式如下。

1."计划修"管理

"计划修"即定期维修,工区应结合作业计划,并依照规程规定,定期开展维修工作。

(1)由站台门科组织编制站台门设备年度维修计划,经公司审核批准之后,下发各工区。

(2)各工区依照年度维修计划和上月维修计划的完成情况,编制设备当月的月度维修计划,上报站台门科,经站台门科审核通过之后,发布执行。

(3)按照"施工管理规则"的规定,需要提报 A 类、B 类和 C1 类计划的作业,工区应结合月度维修计划,按时进行提报,经批复之后执行。

(4)按照"施工管理规则"的规定,可以通过 C2 类计划完成的计划性维修作业,工区应结合月度维修计划进行合理安排,以确保当月的工作维修任务全面完成。

(5)若因特殊原因,本周的周计划无法全面完成时,应将未完成的工作量纳入次周的计划,以确保月度维修计划的全面完成;若因非常特殊原因,本月的计划无法完成时,应将未完成的工作量纳入次月的计划,最大限度地确保设备维修不超周期。

2."状态修"管理

"状态修"即不定期维修,工区应依照规程定期巡检,发现设备故障或不正常状态,及时进行维修,旨在确保设备随时处于良好的工作状态。"状态修"范围如下:

(1)工区结合巡检工作,在确保人身及设备安全的情况进行的设备外观除尘、设备卫生打扫、设备标识维护等简单作业。

(2)工区在设备巡检过程中,发现设备故障或不正常运行状态,经车站允许(必要时须经调度允许)后,在确保安全的前提下,进行的设备故障处理及其他临时性的工作。

(3)结合车站或其他单位报修的问题,工区按照"施工管理规则"开展的临时性问题处理。

(4)必要时,结合设备运行情况,开展的设备专项普查、整治及其他作业。

3.2 低压配电系统的运行与维护

3.2.1 低压配电箱(柜)的运行与维护

1. 低压配电箱(柜)的运行

将开关(包括电源总开关,分路开关)操作手柄推到向上位置,可将开关合上;将开关操作手柄推到向下位置,可将开关断开。

正常情况下,应将所有开关(包括电源总开关,分路开关)合上,以便提供电源给相关用电设备(没有出线的开关的除外)。

根据各配电箱面板上标示,有选择地闭合/断开某分路开关,开启或者切断相关用电设备的电源。

带分离脱扣塑壳开关的电路出现过载、短路情况时,会引起分路或者总回路的塑壳开关跳闸,此时开关操作手柄处于中间位置(脱扣)。在此情况下,首先检查出线线路绝缘阻值是否正常,测量绝缘阻值满足送电要求后,可将已脱扣跳闸的开关操作手柄向下扳至断开位置(向下扳至尽头),然后再将开关操作手柄向上扳至合闸位置(向上扳至尽头)而将开关重新合上;如上述操作不能将开关合上,或开关合上后不久又重新跳闸,应进一步排除故障后方可送电。配电箱如图 3.1 所示。

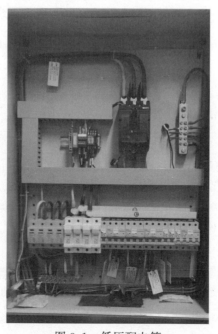

图 3.1 低压配电箱

2. 低压配电箱(柜)的维护

低压配电箱(柜)的维护见表3.1。

表3.1 低压配电箱(柜)维修周期、工作内容及维修标准

设备名称	修程	工作内容	标准	周期
低压配电箱(柜)	巡检	查看指示灯、开关、线缆等设备标识是否齐全	指示灯、开关、线缆等设备标识齐全	每周
		检查各回路开关有无脱扣、跳闸等异常情况	各回路开关无脱扣、跳闸等异常情况	
		检查设备及线缆状态是否正常，防火封堵是否良好	设备及线缆无损坏、发热、烧焦、异音、异味等现象，防火封堵良好	
		检查箱(柜)体锁具是否完好	箱(柜)体锁具完好，能正常锁闭	
		查看线缆槽是否完整、牢靠	线缆槽完整、无盖板缺失	
		检查设备周边是否有杂物，设备表面是否存在明显积尘，设备房内卫生状态是否良好	设备周边无杂物，设备表面无明显积尘，设备房内干净整洁	
	保养	检查指示灯、开关等设备功能是否正常，标识是否清晰、齐全、正确	指示灯、开关等设备功能正常，标识清晰、齐全、正确	每季
		检查线缆绑扎是否整齐，设备及配件安装(或接插)是否牢固，防火封堵是否良好	线缆绑扎整齐、美观，设备及配件安装(或接插)牢固，防火封堵良好	
		检查所有电气、信号接线的连接部位是否紧固、可靠	电气、信号接线连接紧固、无虚接、松动现象	
		检查接地连接线是否可靠	接地连接线牢靠可靠(导通测试)	
		清扫设备、线缆及元器件上的积尘，擦拭、清理箱(柜)体内外的灰尘、异物、污渍等	设备、线缆及元器件上无积尘，箱(柜)体内外清洁、无异物、污渍等	
		检查设备及附属部件是否存在松动、锈蚀的情况	设备及附属部件安装牢固，无松动、锈蚀情况	
		测试漏电保护器性能是否有效	按下漏电保护器开关应跳闸	
		测试总开关出线电压是否正常	线电压处于400 V±10%之间；相电压处于220 V±10%之间	
	检修	含保养所有项目	同保养所有标准	每年
		对设备及附属部件进行全面除锈，并视具体情况进行补漆或涂油	设备及附属部件无锈蚀	

3.2.2 环控电控柜的运行与维护

1. 环控电控柜的运行

正常情况下，先检查进线电源柜两路电源电压表显示是否正常。

将开关操作手柄旋至"—"位置，即将开关合上；将开关操作手柄旋至"○"位置，即将开关断开。

倘若电路出现过载、短路情况时,会引起回路的塑壳开关跳闸,此时开关操作手柄处于脱扣位置。在此情况下,首先检查出线线路绝缘阻值是否正常,测量绝缘阻值满足送电要求后,可将已脱扣跳闸的开关操作手柄继续往下旋转直至转过"○"位置听到脱扣复位的声音,然后再将开关操作手柄向上旋至合闸位置即可把开关重新合上。

正常情况下,应将环控电控室内所有环控电控柜上的"BAS 环控"转换开关置于 BAS 位置,综合监控系统可以对环控电控柜进行自动控制及监视。

维修时,应将电控柜上"BAS 环控"转换开关置于环控位置,维修完毕后要及时复位。

馈线柜柜面上的指示灯有黄、绿、红,依次代表故障、停止、运行;另外组合风阀的柜面上多 1 个红色的指示灯,表示另一种运行状态。

风阀、组合风阀等设备的馈线柜柜面上有"关/启动"和"开阀/关阀"或者"开阀/开阀 1/关阀"转换开关,把"关/启动"转换开关打在"启动"位置时表示闭合电源,反之便为关闭电源;"开阀/关阀"或者"开阀/开阀 1/关阀"转换开关打在"开阀"或者"开阀 1"位置上时表示打开风阀,两者区别只是表示风阀开度不同,若打在"关阀"位置上时,表示关闭风阀。

风机等设备的馈线柜柜面上有红色启动按钮和绿色停止按钮,按下红色启动按钮,启动风机,红色运行指示灯点亮;若关闭风机,按下绿色停止按钮,绿色停止指示灯点亮,如图 3.2 所示。

图 3.2   环控电控柜

2. 环控电控柜的维护

环控电控柜维修周期、工作内容及维修标准见表 3.2。

表 3.2 环控电控柜维修周期、工作内容及维修标准

设备名称	修程	工作内容	标准	周期
环控电控柜	巡检	查看指示灯、开关、按钮、电缆等元器件标识是否齐全、正确	指示灯、开关、按钮、电缆等元器件标识齐全、正确	每周
		查看转换开关位置、指示灯状态是否正确	转换开关位置处于 BAS 位、指示灯指示正常	
		查看柜内是否有异响,是否有异味	柜内无异响、无异味	
		查看柜内是否有异常发热迹象	柜内无异常发热	
		查看环控电控柜触摸屏设备状态是否正常	触摸屏显示设备状态正常,无灰显、红显等不正常显示	
		查看环控电控室内接地扁钢焊接是否牢固	环控电控室内接地扁钢焊接牢固、无脱焊现象	
		查看设备周边是否有杂物,设备房内卫生状态是否良好	设备周边无堆放杂物,设备房内干净整洁	
	保养	检查指示灯、开关、按钮、电缆等元器件标识是否齐全、正确	指示灯、开关、按钮、电缆等元器件标识齐全、正确	每季
		检查转换开关转动是否灵活可靠,按钮操作是否可靠	转换开关转动灵活可靠,按钮操作可靠	
		检查元器件及固定螺丝是否存在松动现象	元器件及固定螺丝紧固牢靠	
		检查柜体内元器件是否有损坏现象	柜体内元器件无损坏现象	
		对所有电气接线进行全面紧固	电气接线连接紧固、无松脱现象	
		检查接地连接线是否可靠	接地连接线牢靠可靠(导通测试)	
		检查线缆口防火封堵是否良好	线缆口防火封堵良好	
		清理箱体表面、内部(包括元器件表面)的灰尘	箱体表面、内部无积尘	
		检查进线线路电压是否正常,发现异常时现场处理并记录	进线线路电压处于 400 V±10% 之间	
		对环控电控柜进行 BAS 位置环控位置功能测试	电控柜 BAS、环控控制正常	
		查看转换开关位置、指示灯状态是否正确	转换开关位置处于 BAS 位、指示灯指示正常	
	检修	含保养所有项目	同保养所有标准	每年
		测试进线电缆绝缘电阻,并做记录	绝缘电阻不小于 0.5 MΩ	
		清洁柜内母排,紧固母排连接螺栓	母排干净无灰尘,母排连接螺丝紧固	
		对抽屉式开关柜抽屉进行检查、调整	抽屉操作手柄转动灵活,抽屉抽出、推入顺畅,抽屉滑动触点无灼烧痕迹	
		检查柜体及附件有无松动、损坏现象	柜体及附件无松动、破损	
		对柜体表面及附属部件进行全面除锈、补漆	柜体表面及附属部件无锈蚀	

3.2.3　EPS 柜的运行与维护

1. EPS 柜的运行

（1）不间断电源开机顺序

①检查不间断电源所有输出开关、旁路开关是否处在断开位置，整流开关是否处在合闸位置，若不是，断开输出开关、旁路开关，合上整流开关。

②闭合两路电源输入开关，主电进过切换装置输出，门板主电指示灯和对应的投入指示灯应点亮。

③人机界面得电后初始化，运行正常后，查看操作界面第三屏中的运行原理图的指示灯与柜体门板指示灯的亮、灭是否一致。

④查看监控装置参数测量画面是否显示充电电流和充电电压，若无充电机故障，则充电机开始正常工作。

⑤进入 EPS 监控装置中，检查馈线检测通信是否正常，检查各回路故障能否正确显示，故障指示灯与蜂鸣器应启动，按下消音键后消音。

⑥将电源控制开关合闸，电池检测仪得电，检查监控装置关于电池检测的画面是否有各节电池电压，判断电池检测通信是否正常。

⑦查看逆变器主板数码管，此时应显示为"50.00"。

⑧检查输出开关电压是否正常。

（2）不间断电源关机顺序

①关闭所有的负载，断开输出配电柜内的输出开关。

②断开不间断电源前面板上的输出开关。

③断开整流开关。

④断开电源输入总开关。

⑤断开电源控制开关，此时不间断电源柜安全关机。

（3）旁路输出的使用

由于人工旁路是维修时专用的供电回路，正常情况下禁止对此开关进行任何操作。当设备处在维修时，打开电源切换开关，闭合旁路开关，此时用电设备直接从主电源供电，不再经过不间断电源，关闭不间断电源剩余的所有开关，拔下整流回路保险丝，便可对不间断电源进行维修。

（4）注意事项

在不间断电源正常工作的情况下，不要对不间断电源的输入和输出回路作任何操作，如果不间断电源有报警信息产生，可先按消音键消音，按照参考说明书处理，并及时排除故障,以免故障扩大。

有些报警信息是由于外部供电环境的变化引起的,当外部供电环境恢复正常以后,报警信息会自动消除,不需人为干涉,特别是面板上下面一排按键,错误操作将会引起设备的意外损伤。

请严格遵守以上操作程序对不间断电源进行操作,严禁无关和未经培训的人员对不间断电源系统进行任何操作。

当设备中的电池放电完毕进入过放保护而停止逆变输出时,在特殊情况下启动强制开关,系统将不受过放保护值控制,强制启动逆变器工作,从而继续为负载供电。

关于不间断电源柜内部逆变器,充电机等设备的进阶设定操作见厂家《不间断电源用户规程》。原则上此等设备在投入使用后不得随意更改参数设置,如图3.3所示。

图 3.3 EPS 应急电源柜

2. EPS 柜的维护

EPS 柜维修周期、工作内容及维修标准见表 3.3。

表 3.3　EPS 柜维修周期、工作内容及维修标准

设备名称	修程	工作内容	标准	周期
EPS 柜	巡检	查看柜体显示屏内数据是否正常,有无报警现象	数据正常,无报警	每周
		查看柜体表面、内部(包括元器件表面)是否干净、整洁	柜体表面、内部干净、整洁	
		查看各元器件是否运行正常或存在异响	元器件运行正常,无异响	
		查看进出线缆的接线端子是否有异常发热或烧伤痕迹	接线端子无异常发热或烧伤痕迹	
		查看蓄电池组是否有漏液、膨胀或氧化现象	蓄电池组无漏液、膨胀、氧化现象	
		查看柜内充电机、逆变器、控制器等是否正常运行	充电机、逆变器、控制器等均正常运行	
		查看设备周边是否有杂物,设备房内卫生状态是否良好	设备周边无堆放杂物,设备房内干净整洁	
	保养	检查元器件及固定螺丝是否存在松动现象	元器件及固定螺丝紧固牢靠	每季
		检查整流回路保险丝是否正常	保险丝电阻接近为零	
		检查 EPS 柜指示灯、开关、按钮、电缆等元器件标识是否齐全、正确	EPS 柜指示灯、开关、按钮、电缆等元器件标识齐全、正确	
		检查蓄电池外观形状有无变形、有无漏液或结晶现象,有无发热异常现象,接线端子有无白色盐霜、表面有无鼓裂、渗漏液现象	蓄电池外观形状无变形、无漏液或结晶现象,无发热异常现象,接线端子无白色盐霜、表面无鼓裂、渗漏液现象	
		检查馈线柜带负载开关是否全部正确闭合、旁路开关是否全部断开	带负载开关全部正确闭合、旁路开关全部断开	
		对所有电气接线进行全面紧固	电气接线连接紧固、无松脱现象	
		检查接地连接线是否可靠	接地连接线牢靠可靠(导通测试)	
		检查柜内线缆绑扎固定情况	柜内线缆绑扎牢靠、美观	
		检查 EPS 柜线缆口防火封堵是否良好	EPS 柜线缆防火封堵良好	
		清理柜体表面、内部(包括元器件表面)的灰尘	柜体表面、内部无积尘	
		对蓄电池进行电压测试,并做记录	蓄电池单体正常电压参考范围 12.63～13.97 V	
		查看 EPS 控制器指示灯状态是否正确	EPS 控制器指示灯指示正常	
		对蓄电池进行带负载运行(每年第 2、4 季度)	蓄电池带负载运行正常,无报警(每年第 2、4 季度)	
	检修	含保养所有项目	同保养所有标准	每年
		测试进线电缆绝缘电阻,并做记录	绝缘电阻不小于 0.5 MΩ	
		检查柜体及附件有无松动、损坏现象	柜体及附件无松动、破损	
		对蓄电池进行内阻测试,并做记录	蓄电池正常阻值参考范围 2～10 Ω	
		对柜体表面及附属部件进行全面除锈、补漆	柜体表面及附属部件无锈蚀	

3.2.4　双电源切换箱的运行与维护

1. 双电源切换箱的运行

(1)用专用钥匙将双电源切换箱面板打开,可见电源切换开关。

(2)将普通开关(电源总开关和分路开关)操作手柄扳向向上位置,可将开关合上;将开关操作手柄扳向向下位置可将开关断开。

(3)正常情况下,应将所有开关置于合闸位置,以便提供电源给相关用电设备。根据各双电源切换箱内开关上标识,有选择地闭合/断开某分路开关相关用电设备电源。

(4)一般情况下,S1 电源端通断指示器为 ON,指示灯亮,S2 电源端通断指示器为 OFF,指示灯灭,表示现在正处在 S1 电源端供电状态中,若出现跳转,那就证明 S1 电源端存在故障(如欠压、缺相、相不平衡)或正处在无电状态中,应及时检查 S1 端电源回路状况,反之亦然。

(5)在有需要的情况下,可按下电源切换开关面板上的"选择按钮"将设备调成手动状态,通过按键"S1 合闸""S2 合闸"来实现 S1 电源端供电或者 S2 电源端供电,切换回路后,应分别观察 S1,S2 电源端通断指示器中的指示状态并查看各项电压是否正常,确认开关是否投入正确。

(6)若发生特殊情况,电源切换开关无法自动完成切换等工作的情况下,工作人员必须执行人工操作,人工操作分为将设备设置为手动模式、将设备设置为互为备用状态如人工 S2 电源侧投入。

①设置为手动模式状态

自动模式键:控制器工作在自动状态,市电电源和备电电源之间切换操作由控制器自动控制(正常工作时控制器需置于自动模式)。

手动模式键:控制器工作在手动状态,可人为控制市电电源和备电电源之间切换。

通过按键将设备状态调节成手动状态,查看手动模式指示灯是否正确。

②设置为互为备用状态

自投自复键:此模式下,当市电电源故障,备电电源正常时,控制器自动控制 ATS 切换到备电电源,当市电电压恢复正常时,控制器自动恢复到市电电源。

互为备用键:此模式下,当市电电源故障,备用电源正常时,控制器自动控制 ATS 切换到备用电源,当市电电源恢复正常时,不切换回市电电源。只有备用电源故障时,市电电源正常时,才切换回市电电源。

通过按键将设备状态调节成互为备用状态,查看互为备用模式指示灯是否正确。

③人工 S2 电源侧投入

把手柄前端缺口插入左侧操作方轴;打至手动模式,用手柄按左侧面操作方向指示转动转轴,直到正面 N 处窗口显示 ON;通过 S2 电源端通断指示器观察确认是否投入成功;操作完成后取下操作手柄。

人工 S1 电源侧投入同 S2 电源侧投入。

在安装、调试或插拔转换开关或其内部元件之前必须关闭所有电源,双电源切换箱如图 3.4 所示。

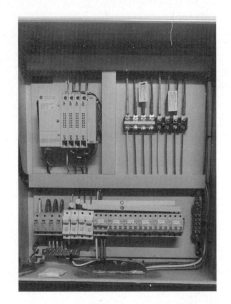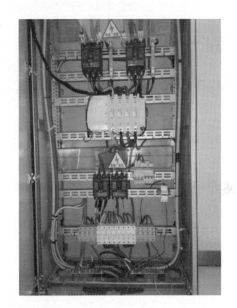

图 3.4　双电源切换箱

2. 双电源切换箱的维护

双电源切换箱维修周期、工作内容及维修标准见表 3.4。

表 3.4　双电源切换箱维修周期、工作内容及维修标准

设备名称	修程	工 作 内 容	标　准	周期
双电源切换箱	巡检	查看指示灯、开关、按钮、电缆等元器件标识是否齐全、正确	指示灯、开关、按钮、电缆等元器件标识齐全、正确	每月
		查看转换开关状态是否正确	转换开关处于"自动"位置	
		查看双电源控制器数据是否正常	控制器上的电压、状态正常,无故障报警信息	
		查看各元器件是否运行正常或存在异响	元器件运行正常,无异响	
		查看进出线缆的接线端子是否有异常发热或烧伤痕迹	接线端子无异常发热或烧伤痕迹	
		查看双电源切换箱各元器件接线有无松动迹象,线缆是否绑扎整齐	线缆无松动,绑扎整齐	

续上表

设备名称	修程	工 作 内 容	标 准	周期
双电源切换箱	巡检	查看双电源切换箱线缆口防火封堵是否良好	双电源切换箱线缆口防火封堵良好	每月
		查看设备周边是否有杂物,设备房内卫生状态是否良好	设备周边无堆放杂物,设备房内干净整洁	
	保养	检查元器件及固定螺丝是否存在松动现象	元器件及固定螺丝紧固牢靠	每季
		对所有电气接线进行全面紧固	电气接线连接紧固、无松脱现象	
		检查接地连接线是否可靠	接地连接线牢靠可靠(导通测试)	
		检查双电源切换箱内线缆绑扎固定情况	双电源切换箱内线缆绑扎牢靠、美观	
		检查双电源切换箱线缆口防火封堵是否良好	双电源切换箱线缆口防火封堵良好	
		清理箱体表面、内部(包括元器件表面)的灰尘	箱体表面、内部无积尘	
		进行双电源切换功能试验	双电源切换功能正常	
		检查线路电压是否正常,发现异常时现场处理或记录	线路电压处于 400 V±10% 之间	
		查看双电源开关控制器指示灯状态是否正确	双电源开关控制器指示灯指示正常	
	检修	含保养所有项目	同保养所有标准	每年
		测试进线电缆绝缘电阻,并做记录	绝缘电阻不小于 0.5 MΩ	
		检查双电源切换箱箱体及附件有无松动、损坏现象	箱体及附件无松动、破损	
		清洁柜内母排,紧固母排连接螺栓	母排干净无灰尘,母排连接螺丝紧固	
		对箱体表面及附属部件进行全面除锈、补漆	箱体表面及附属部件无锈蚀	

3.2.5 照明(应急照明)系统及附属设备的运行与维护

1. 照明(应急照明)系统及附属设备的运行

(1)灯具更换

更换灯具时,按开关上所标示回路将开关操作手柄向下扳至尽头(对翘板开关则按至断开位置),关断相应照明回路电源并将现场故障灯具的墙壁开关打至分断位置。在确认没电的情况下,方可进行灯具更换的作业。

①各设备房、工作房照明就地开关箱、盒的操作

根据工作需要通过就地开关箱、盒上开关开亮或关熄各设备房、工作房的照明灯具。

当上述操作不能开亮各设备房、工作房一般照明灯具时,可至配电室内根据各配电箱上标示检查相应分路开关是否在合闸位置及按灯具更换操作办法检查、更换灯具。

②车站配电室内应急照明配电箱、一般照明配电箱操作

将开关(包括电源总开关,分路开关)操作手柄扳向向上位置,可将开关合上;将开关操作手柄扳向向下位置,可将开关断开。

正常情况下,应将所有开关合上,以便通过就地开关箱、盒合上开关控制相应回路照明。根据各配电箱面板上标示,有选择地闭合/断开某分路开关,(断开前应通知相关人员,以免引起慌乱)。

若上述操作不能将开关合上,或开关合上后不久又重新跳闸,应排除故障后方可再送电。

(2)车站应急疏散指示灯试验操作

正常情况下车站应急疏散指示灯为带电状态,灯具侧方"主电"指示灯亮。

当进行应急疏散指示灯试验时,按下灯具侧方"试验"按钮,此时灯具主电指示灯熄灭,指示灯依然照亮说明此灯具正常,如按下"试验"按钮后灯具主电指示灯熄灭,灯具也不亮,说明此灯具损坏,需进行更换维修。

当应急疏散指示灯主电断开一定时间恢复后,此时灯具侧方"充电"指示灯亮,说明灯具在充电运行状态,应急疏散指示灯正常,如图 3.5 所示。

 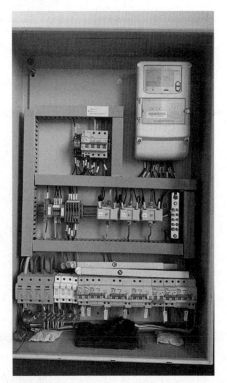

图 3.5　照明配电箱

2. 照明(应急照明)系统及附属设备的维护

照明(应急照明)系统及附属设备维修周期、工作内容及维修标准见表3.5。

表3.5 照明(应急照明)系统及附属设备维修周期、工作内容及维修标准

设备名称	修程	工 作 内 容	标 准	周期
照明(应急照明)系统及附属设备	巡检	查看灯具周边有无影响视线的遮挡物	灯具周边无异物遮挡	每月
		查看灯具、导向、疏散指示灯是否正常工作	灯具、导向、疏散指示灯工作正常	
		查看灯具整流器是否存在异常	整流器无异常音响	
		查看悬挂式灯具、导向、疏散指示灯是否安装牢固	悬挂式灯具、导向、疏散指示灯安装牢固	
		查看开关、插座盖板有无松动	开关、插座盖板无松动	
	保养	检查灯具、导向、疏散指示灯工作是否正常,对损坏的灯具及附属部件进行更换	灯具、导向、疏散指示灯工作正常,无异常情况	每季
		检查开关、插座是否能够正常使用,对损坏的部件进行更换	开关、插座能够正常使用	
		检查悬挂式灯具、导向、疏散指示灯安装是否牢固	悬挂式灯具、导向、疏散指示灯安装牢固	
		检查疏散指示灯是否可切换至应急状态	疏散指示灯切换正常	
		对所有电气接线进行全面紧固	电气接线连接紧固、无松脱现象	

3.3 通风空调系统的运行与维护

3.3.1 大系统的运行与维护

1. 组合式空调机组运行

(1)送上总电源,再分别给控制系统、风机、水泵、电加热器的启动电路以及机组低压照明供电。

(2)按照自动控制部分的操作方法和工艺要求详细检查空调机组各被控参数的设定是否正确。各个被控执行、驱动部分是否对应。

(3)启动送风机至运转正常。

(4)启动回风机至运转正常。

(5)检查风机电机的运行电流是否超过额定电流。若超过额定值,应停机检查,排除原因后再重新启动。

(6)严禁运转时将进风口的风阀关死,以防机内负压过大,导致面板变形。

2. 组合式空调机组的维护

组合式空调机组维修周期、工作内容及维修标准见表3.6。

表 3.6　组合式空调机组维修周期、工作内容及维修标准

设备名称	修程	工作内容	标准	周期
组合式空调机组	巡检	在控制柜上查看设备运行状态是否正常	控制柜上显示设备运行状态正常,无故障告警现象	每周
		查看转换开关位置是否正确;指示灯、仪表等设备状态显示是否正常;指示灯、开关、电缆等设备标识是否齐全	转换开关置于自动位;指示灯、仪表等设备状态显示正常;指示灯、开关、电缆等设备标识齐全	
		检查控制柜内有无凝露现象	控制柜内干燥,无凝露现象	
		检查设备及线缆状态是否正常,防火封堵是否良好	设备及线缆无损坏、发热、烧焦、异音、异味等现象,防火封堵良好	
		检查风阀状态是否正常	风阀实际状态与显示状态一致,无故障	
		检查组合式空调箱是否有异响、异常振动等异常现象	组合式空调箱无异响、异常振动等异常现象	
		检查柜体密封是否良好,进、出风口情况是否正常	柜体密封良好,进、出风口有风感,状态正常	
		查看柜体排水是否正常,过滤网状态是否正常	柜体排水通畅,柜体无积水;过滤网上无破损、无堵塞、无明显积尘	
		检查柜体锁具是否完好	柜体锁具完好,能正常锁闭	
		查看线缆槽是否完整、牢靠	线缆槽完整、无盖板缺失	
	保养	检查设备周边是否有杂物,设备表面是否存在明显积尘,设备房内卫生状态是否良好	设备周边无杂物,设备表面无明显积尘,设备房内干净整洁	每季
		检查指示灯、开关等设备功能是否正常,标识是否清晰、齐全、正确	指示灯、开关等设备功能正常,标识清晰、齐全、正确	
		检查线缆绑扎是否整齐,设备及配件安装(或接插)是否牢固,防火封堵是否良好	线缆绑扎整齐、美观,设备及配件安装(或接插)牢固,防火封堵良好	
		检查所有电气、信号接线的连接部位是否紧固、可靠	电气、信号接线连接紧固,无虚接、松动现象	
		检查接地连接线是否可靠	接地连接线牢靠可靠(导通测试)	
		清扫设备、线缆及元器件上的积尘,擦拭、清理柜体内外的灰尘、异物、污渍等	设备、线缆及元器件上无积尘,柜体内外清洁、无异物、污渍等	
		检查各功能段区域是否存在其他异常情况	各功能段区域无积水,无异物,保持干净整洁	
		检查内部照明是否正常	内部照明灯具、线路、开关、电源正常	
		检查静电除尘装置功能是否正常	静电除尘装置功能正常	
		检查冷凝水排水是否存在堵塞,底盘是否存在渗漏水情况	冷凝水排水通畅,底盘无渗漏水情况	
		检查排水沟是否堵塞,内部是否有异物	排水沟无堵塞,内部无异物	
		检查表冷器挡水板、过滤网状态是否良好	表冷器挡水板、过滤网清洁,无淤泥结垢	
		检查叶轮的状态是否良好	叶轮完整、清洁干净	
		检查皮带有无损坏、松紧度是否正常	皮带无裂纹、磨损及开层现象,松紧度正常	

续上表

设备名称	修程	工 作 内 容	标 准	周期
组合式空调机组	保养	检查风机轴承及润滑情况	风机轴承润滑状态良好,无异常噪声和振动	每季
		检查管道保温层有无破损、缺失的情况	管道保温层无破损、缺失的情况	
		检查阀门、管路状态是否正常,管件及附属设施是否存在损坏情况	风阀、水阀、风管、水管开关状态应与实际运行状态相符,管件及附属设施完好	
		检查风阀开闭情况是否正常,安装是否牢固	风阀开闭灵活,阀体安装牢固	
		检查箱体的密封性是否良好	箱体无明显泄漏	
		检查组合式空调箱及附属部件是否存在松动、锈蚀的情况	组合式空调箱及附属部件安装牢固,无松动、锈蚀情况	
		对组合式空调箱及风阀进行功能测试	就地、远程功能测试,组合式空调箱及风阀运行正常	
	检修	含保养所有项目	同保养所有标准	每年
		测试电机绝缘电阻,并做记录	电机绝缘电阻不小于 0.5 MΩ	
		清理表冷器及翅片	表冷器及翅片干净、整洁	
		检查表冷器内部冷冻水是否排空(使用期不需要排空)	表冷器内残留冷冻水已排空(使用期不需要排空)	
		视情况更换性能不良的过滤网及其他配件	过滤网及其他配件性能均良好	
		对组合式空调箱及附属部件进行全面除锈,并视具体情况进行补漆或涂油	组合式空调箱及附属部件无锈蚀	

3. 风机的运行

(1)查看设备状态是否正常。

(2)确认正常后,可远程启动或打至就地位手动启动,如图 3.6 所示。

图 3.6　风机操作面板

4. 风机的维护

风机维修周期、工作内容及维修标准见表3.7。

表 3.7　风机维修周期、工作内容及维修标准

设备名称	修程	工 作 内 容	标　准	周期
普通风机	巡检	在控制柜上查看设备运行状态是否正常	控制柜上显示设备运行状态正常,无故障告警现象	每周
		查看转换开关位置是否正确;指示灯、仪表等设备状态显示是否正常;指示灯、开关、电缆等设备标识是否齐全	转换开关置于自动位;指示灯、仪表等设备状态显示正常;指示灯、开关、电缆等设备标识齐全	
		检查控制柜内有无凝露现象	控制柜内干燥,无凝露现象	
		检查设备及线缆状态是否正常,防火封堵是否良好	设备及线缆无损坏、发热、烧焦、异音、异味等现象,防火封堵良好	
		检查风阀状态是否正常	风阀实际状态与显示状态一致,无故障	
		检查风机机械部件有无变形、松脱情况;周边固定件有无松动迹象	风机机械部件无变形、松脱情况;周边固定件无松动迹象	
		检查柜体锁具是否完好	柜体锁具完好,能正常锁闭	
		查看线缆槽是否完整、牢靠	线缆槽完整,无盖板缺失	
		检查设备周边是否有杂物,设备表面是否存在明显积尘,设备房内卫生状态是否良好	设备周边无杂物,设备表面无明显积尘,设备房内干净整洁	
	保养	检查指示灯、开关等设备功能是否正常,标识是否清晰、齐全、正确	指示灯、开关等设备功能正常,标识清晰、齐全、正确	每季
		检查线缆绑扎是否整齐,设备及配件安装(或接插)是否牢固,防火封堵是否良好	线缆绑扎整齐、美观,设备及配件安装(或接插)牢固,防火封堵良好	
		检查所有电气、信号接线的连接部位是否紧固、可靠	电气、信号接线连接紧固,无虚接、松动现象	
		检查接地连接线是否可靠	接地连接线牢靠可靠(导通测试)	
		清扫设备、线缆及元器件上的积尘,擦拭、清理柜体内外的灰尘、异物、污渍等	设备、线缆及元器件上无积尘,柜内外清洁,无异物、污渍等	
		检查风阀线缆是否牢固	风阀线缆安装牢固	
		手动动作风阀,将其打至开位和关位,风阀能可靠动作	风阀能可靠动作,状态反馈正常	
		检查风机及附属部件是否存在松动、锈蚀的情况	风机及附属部件安装牢固,无松动、锈蚀情况	
		对风机及风阀进行功能测试	就地、远程功能测试,风机及风阀运行正常	
	检修	含保养所有项目	同保养所有标准	每年
		测试电机绝缘电阻,并做记录	电机绝缘电阻不小于 0.5 MΩ	
		检测风量及风压是否能满足正常使用(更换叶片电机时需实际测量)	风量及风压应达到设计标准(见现场设备铭牌)	
		对风机及附属部件进行全面除锈,并视具体情况进行补漆或涂油	风机及附属部件无锈蚀	

3.3.2 小系统的运行与维护

1. 空调的运行

室内机的按键操作,如图3.7所示。

图3.7 空调控制面板

按键对应的模式选择和开关机:制冷→除湿→送风→制热→关机。

模式设定:

制冷:COOL亮,其他灭。

制热:HEAT亮,其他灭。

送风:FAN亮,其他灭。

除湿:DRY/TIMER亮,其他灭。

2. 空调的维护

空调维修周期、工作内容及维修标准见表3.8。

表3.8 空调维修周期、工作内容及维修标准

设备名称	修程	工作内容	标准	周期
VRV、分体、新风机空调	巡检	在控制面板(VRV集控器)上查看设备运行状态是否正常	控制面板(VRV集控器)上显示设备运行状态正常,无故障警告现象	每周
		查看指示灯、仪表显示是否正常;指示灯、仪表等设备状态显示是否正常;指示灯、开关、电缆等设备标识是否齐全	指示灯、仪表等设备状态显示正常;指示灯、开关、电缆等设备标识齐全	

续上表

设备名称	修程	工 作 内 容	标 准	周期
VRV、分体、新风机空调	巡检	检查设备及缆线状态是否正常,防火封堵是否良好	设备及线缆无损坏、发热、烧焦、异音、异味等现象,防火封堵良好	每周
		查看设备运行有无异响、明显抖动,有无积水、漏水现象	设备运行无异响、明显抖动,无积水、漏水现象	
		查看进、出风口风量是否正常,有无阻塞现象	进、出风口通风通畅,无阻塞现象	
		查看冷凝水管有无漏水现象,保温棉是否完好	冷凝水管无漏水现象,保温棉完好	
		检查设备周边是否有杂物,设备表面是否存在明显积尘,设备房内卫生状态是否良好	设备周边无杂物,设备表面无明显积尘,设备房内干净整洁	
	保养	检查过滤网状态是否良好	过滤网无损坏、保持干净、无堵塞现象	每季
		检查排水是否良好	排水无积水,管路无凝露	
		检查冷凝器盘管是否良好	冷凝器盘管表面无杂物吸附	
		检查水管安装是否牢固,有无漏水现象	给水、排水管安装牢固,无漏水现象	
		检查冷媒管是否安装牢固,保温层有无破损、脱落的情况	冷媒管安装牢固,保温层无破损、脱落情况	
		检查所有电气、信号接线的连接部位是否紧固、可靠	电气、信号接线连接紧固、无虚接、松动现象	
		检查接地连接线是否可靠	接地连接线牢靠可靠(导通测试)	
		清扫设备、线缆及元器件上的积尘,擦拭、清理柜体内外的灰尘、异物、污渍等	设备、线缆及元器件上无积尘,柜体内外清洁、无异物、污渍等	
		检查设备及附属部件是否存在松动、锈蚀的情况	设备及附属部件安装牢固,无松动、锈蚀情况	
		对空调进行功能测试	测试温度、风量、风向、模式等功能均正常	
	检修	含保养所有项目	同保养所有标准	每年
		视情况更换性能不良的过滤网等附属部件	过滤网等附属部件性能完好	
		检查制冷剂情况,视需要添加制冷剂	满负荷运行工作压力在正常范围内,制冷剂添加须满足厂方技术要求	
		对设备及附属部件进行全面除锈,并视具体情况进行补漆或涂油	设备及附属部件无锈蚀	

3. 温控轴流风机的运行

如图 3.8 所示,根据实际使用情况可自动、远程、手动启动,自动启动上下限为 16～25 ℃,也可根据现场情况调节温度上下限。

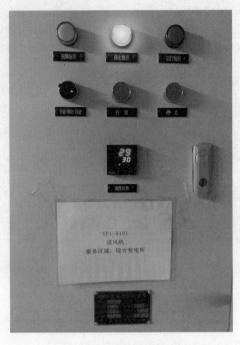

图 3.8　温控轴流风机

4. 温控轴流风机的维护

温控轴流风机维修周期、工作内容及维修标准见表 3.9。

表 3.9　温控轴流风机维修周期、工作内容及维修标准

设备名称	修程	工 作 内 容	标 准	周期
温控轴流风机	巡检	在控制柜上查看设备运行状态是否正常	控制柜上显示设备运行状态正常,无故障告警现象	每周
		查看转换开关位置是否正确;指示灯、仪表等设备状态显示是否正常;指示灯、开关、电缆等设备标识是否齐全	转换开关置于自动位;指示灯、仪表等设备状态显示正常;指示灯、开关、电缆等设备标识齐全	
		检查控制柜内有无凝露现象	控制柜内干燥,无凝露现象	
		检查设备及线缆状态是否正常,防火封堵是否良好	设备及线缆无损坏、发热、烧焦、异音、异味等现象,防火封堵良好	
		检查风阀状态是否正常	风阀实际状态与显示状态一致,无故障	
		检查风机机械部件有无变形、松脱情况;周边固定件有无松动迹象	风机机械部件无变形、松脱情况;周边固定件无松动迹象	
		检查柜体锁具是否完好	柜体锁具完好,能正常锁闭	
		查看线缆槽是否完整、牢靠	线缆槽完整、无盖板缺失	
		检查设备周边是否有杂物,设备表面是否存在明显积尘,设备房内卫生状态是否良好	设备周边无杂物,设备表面无明显积尘,设备房内干净整洁	

续上表

设备名称	修程	工 作 内 容	标 准	周期
温控轴流风机	保养	检查指示灯、开关等设备功能是否正常,标识是否清晰、齐全、正确	指示灯、开关等设备功能正常,标识清晰、齐全、正确	每季
		检查线缆绑扎是否整齐,设备及配件安装(或接插)是否牢固,防火封堵是否良好	线缆绑扎整齐、美观,设备及配件安装(或接插)牢固,防火封堵良好	
		检查所有电气、信号接线的连接部位是否紧固、可靠	电气、信号接线连接紧固、无虚接、松动现象	
		检查接地连接线是否可靠	接地连接线牢靠可靠(导通测试)	
		清扫设备、线缆及元器件上的积尘,擦拭、清理柜体内外的灰尘、异物、污渍等	设备、线缆及元器件上无积尘,柜体内外清洁、无异物、污渍等	
		检查风阀线缆是否牢固	风阀线缆安装牢固	
		手动动作风阀,将其打至开位和关位,风阀能可靠动作	风阀能可靠动作,状态反馈正常	
		检查温感控头安装是否牢固,状态是否良好	温感控头安装牢固,状态良好	
		检查风机及附属部件是否存在松动、锈蚀的情况	风机及附属部件安装牢固,无松动、锈蚀情况	
		对风机及风阀进行功能测试	手动、自动功能测试,风机及风阀运行正常	
	检修	含保养所有项目	同保养所有标准	每年
		测试电机绝缘电阻,并做记录	电机绝缘电阻不小于 0.5 MΩ	
		检测风量及风压是否能满足正常使用(更换叶片电机时需实际测量)	风量及风压应达到设计标准(见现场设备铭牌)	
		对风机及附属部件进行全面除锈,并视具体情况进行补漆或涂油	风机及附属部件无锈蚀	

3.3.3　空调水系统的运行与维护

1. 冷水机组的运行

(1)检查冷冻机组电源情况,机组电源电压要求为 380 V±10% 的电压。

(2)确认机组管路和冷冻水、冷却水在正确的启闭位置。

(3)检查冷却塔内水量是否充足,散热风机运转是否正常(皮带,风叶,电机)。

(4)冷冻水静止压力是否合格(与常态数据对比)。如不正常,检查自动补水装置。

(5)启动冷冻水泵,冷却水泵,观察管道压力,压力表读数是否正常(与常态数据对比)。如果不正常,检查管道阀门、水泵转速及方向。

(6)机组启动,如图 3.9 所示。

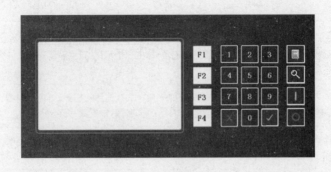

○	按下该键,面板关机	|	按下该键,面板开机
▣	在任何界面下按下该键都会回到主界面	🔍	按下该键,可对发生过的故障进行查询
✓	功能1:确认修改后的参数值 功能2:在参数设置页面,选择下一条要修改的参数	✕	功能1:对已经修改的参数,在没有按下确认键前,可以按该键取消本次输入的数值。 功能2:在参数编辑页面,选择上一条要改的参数
F1	功能1:在主界面按下该键,进入组态查询,可查询 AI、DI 和 DO 状态。 功能2:在其他界面,按下该键返回主界面	F2	功能1:在主界面按下该键,进入系统设置界面,根据不同的密码权限修改对应参数。 功能2:暂无
F3	功能1:在主界面按下该键,进入时钟设置界面。 功能2:在状态查询、参数设置和故障查询页面中,按下该键向上一页翻页	F4	功能1:在主界面按下该键、进入故障查询界面。 功能2:在状态查询、参数设置和故障查询页面中,按下该键向下一页翻页
	0 ~ 9	功能1:修改欲设置的参数。 功能2:数字"0"和数字"8"在参数设置时还具有方向选择功能,相当于"△"和"▽"键	

图 3.9 冷水机组控制面板

当按下启动按键后,机组显示页面会显示开机,按下停止键时,页面显示关机。

①关机时该区域显示关机(开机时该区域显示开机)。

②机组长时间断电后,显示页面显示冷冻油预热,出现该显示后机组不能启动,预热结束后机组能正常启动。

③机组运行至保养时间,该功能取消。

④机组运行数据,进入后可以选择1号系统数据和2号系统数据。

⑤进入可以设置温度及故障恢复。

⑥机组数据设定。

⑦当前故障查询和历史故障查询。

⑧机组显示开机后约 1~2 min 后，压缩机启动，同时显示数据开始发生变化。

如图 3.10 所示，以上数据均在信息按键操作后显示，1 号和 2 号系统数据可以进行切换。

(7)机组关闭：按关机键，机组显示关机画面后，机组不会马上关闭，会采用软停机方式关闭机组，一般需要 2~3 min 才会关闭压缩机。当压缩机确认停止运行后，仍需运行冷冻泵 5 min。

(8)机组停止 5 min 后，关闭冷却泵，冷冻泵，冷却塔风机。

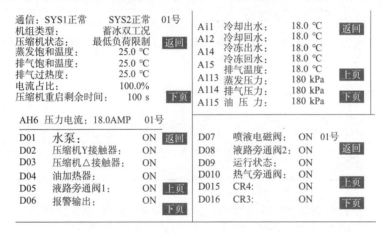

图 3.10　机组相关数据

2. 冷水机组的维护

冷水机组维修周期、工作内容及维修标准见表 3.10。

表 3.10　冷水机组维修周期、工作内容及维修标准

设备名称	修程	工 作 内 容	标 准	周期
冷水机组	巡检	在群控柜、控制柜上查看设备运行状态是否正常	群控柜、控制柜上显示设备运行状态正常，无故障告警现象	空调季每日，非空调季每月
		查看冷却出水、冷却回水、冷冻出水、冷冻回水、排气温度是否正常；蒸发压力、排气压力、油压力是否正常	冷却出水、冷却回水、冷冻出水、冷冻回水、排气温度处于正常范围；蒸发压力、排气压力、油压力处于正常范围	
		查看转换开关位置是否正确；指示灯、仪表等设备状态显示是否正常；指示灯、开关、电缆等设备标识是否齐全	转换开关置于自动位；指示灯、仪表等设备状态显示正常；指示灯、开关、电缆等设备标识齐全	
		检查群控柜、控制柜内有无凝露现象	群控柜、控制柜内干燥，无凝露现象	
		检查设备及线缆状态是否正常，防火封堵是否良好	设备及线缆无损坏、发热、烧焦、异音、异味等现象，防火封堵良好	

续上表

设备名称	修程	工作内容	标准	周期
冷水机组	巡检	检查阀门开关位置是否正确,"常开""常闭"标识是否齐全	阀门开关位置正确,"常开""常闭"标识齐全	空调季每日,非空调季每月
		查看机组本体制冷剂是否存在泄漏痕迹,管件仪表是否破损	制冷剂及载冷剂无泄漏痕迹,管件仪表完好	
		检查冷水机组是否有异响、异常振动等异常现象	冷水机组无异响、无异常振动等异常现象	
		查看清洗小球机、补水装置及加药装置运行状态是否正常,本体有无渗漏水及其他异常现象	清洗小球机、补水装置及加药装置运行状态正常,本体无渗漏水现象及其他异常现象	
		检查柜体锁具是否完好	柜体锁具完好,能正常锁闭	
		查看线缆槽是否完整、牢靠	线缆槽完整、无盖板缺失	
		检查设备周边是否有杂物,设备表面是否存在明显积尘,设备房内卫生状态是否良好	设备周边无杂物,设备表面无明显积尘,设备房内干净整洁	
	保养	检查指示灯、开关等设备功能是否正常,标识是否清晰、齐全、正确	指示灯、开关等设备功能正常,标识清晰、齐全、正确	空调季每月,非空调季每季
		检查线缆绑扎是否整齐,设备及配件安装(或接插)是否牢固,防火封堵是否良好	线缆绑扎整齐、美观,设备及配件安装(或接插)牢固,防火封堵良好	
		检查所有电气、信号接线的连接部位是否紧固、可靠	电气、信号接线连接紧固、无虚接、松动现象	
		检查接地连接线是否可靠	接地连接线牢靠可靠(导通测试)	
		清扫设备、线缆及元器件上的积尘,擦拭、清理柜体内外的灰尘、异物、污渍等	设备、线缆及元器件上无积尘,柜体内外清洁、无异物、污渍等	
		检查制冷剂运行状态是否正常	满负荷运行时视镜内无气泡且膨胀阀开度小于60%	
		检查安全阀是否泄漏	安全阀无泄漏(肥皂水检查无气泡或电子检漏仪不发生报警)	
		检查油分离器液位、颜色是否正常	液位正常,颜色透明,无明显金属碎屑	
		检查电磁流量计性能	电磁流量计显示与水泵电流成正比,无较大波动	
		检查电磁阀是否损坏,若有损坏或状况不良予以更换	电磁阀状态良好	
		检查水流开关动作状态是否正常	水流开关动作正常	
		检查压力表、温度计、排气阀、排水阀等附件功能是否正常,状态是否良好	压力表、温度计、流量开关等显示数值与机组显示数值一致;压力表、温度计、排气阀、排水阀等功能正常	
		检查清洗小球机线缆及元器件功能是否正常	清洗小球机线缆及元器件功能正常	
		检查补水装置管路、阀门状态功能是否正常,有无渗漏水现象	补水装置管路、阀门状态功能正常,无渗漏水现象	

续上表

设备名称	修程	工作内容	标准	周期
冷水机组	保养	检查加药装置管路是否通畅,状态是否良好	加药管路无堵塞、结垢的情况,状态良好	空调季每月,非空调季每季
		检查管道保温层有无破损、缺失的情况	管道保温层无破损、缺失的情况	
		检查冷水机组及附属部件是否存在松动、锈蚀的情况	冷水机组及附属部件安装牢固,无松动、锈蚀情况	
		对冷水机组功能测试	就地、远程启动各部件运转,功能正常	
	检修	含保养所有项目	同保养所有标准	每年
		测试电机绝缘,并做好记录	电机绝缘电阻不小于 0.5 MΩ	
		检查主机制冷剂有无泄漏	主机制冷剂无泄漏(肥皂水检查无气泡或电子检漏仪不发生报警)	
		检查或更换冷冻机油	冷冻机油每运行 1 000 h 需进行更换,具体按厂家技术要求执行	
		视情况对热交换器内部进行清洁	热交换器内部无结垢(物理清洗＋化学清洗)	
		视情况更换干燥过滤器、油过滤器	干燥过滤器、油过滤器状态良好	
		对冷水机组及附属部件进行全面除锈,并视具体情况进行补漆或涂油	冷水机组及附属部件无锈蚀	

3. 冷却塔的运行

(1)开机操作。冷却塔运行时,先启动水泵,再启动风机。

(2)停机操作。冷却塔停机时,先关闭风机,再关闭水泵。

(3)空塔运行。新塔开机前先进行空塔运行。不加负载(不淋水)启动电机、风机,检查电机、风机是否运转正常,此时风机应为顺时针方向旋转(俯视,迎风看),测量电机运行电流,不超过电机额定电流,并注意电流的跳动。如电流非正常,需马上停机,上塔检查传动部分是否有松动或主从动轮的水平度,并检查风机各叶片角度是否相同,是否正确,调整到正常后再进行试运行。运行正常后,关闭电机。

(4)水循环。打开进出水阀,启动水泵淋水运行,检查布水是否均匀,并且注意塔顶是否有溢水现象,进、出水是否畅通,调整浮球阀使水位达到适当位置,控制底盆水位,以保证不出现"抽空"现象,同时关机时冷却水不溢出底盆。

(5)在正式运行前,循环系统应更换清水两次,将锈水和污水排尽,以确保整个循环系统设备的正常使用,延长使用寿命。

(6)检测电机实际电流值,不能大于电机额定电流值,大功率电机应加过载保护装置(三相电机额定电流约等于功率2倍)。

4. 冷却塔的维护

冷却塔维修周期、工作内容及维修标准见表 3.11。

表 3.11　冷却塔维修周期、工作内容及维修标准

设备名称	修程	工作内容	标准	周期
冷却塔	巡检	在控制柜上查看设备运行状态是否正常	控制柜上显示设备运行状态正常,无故障告警现象	空调季每日,非空调季每月
		查看转换开关位置是否正确;指示灯、仪表等设备状态显示是否正常;指示灯、开关、电缆等设备标识是否齐全	转换开关置于自动位;指示灯、仪表等设备状态显示正常;指示灯、开关、电缆等设备标识齐全	
		检查控制柜内有无凝露现象	控制柜内干燥,无凝露现象	
		检查设备及线缆状态是否正常,防火封堵是否良好	设备及线缆无损坏、发热、烧焦、异音、异味等现象,防火封堵良好	
		检查设备是否存在飘水、溢水、渗漏水,水盘水质异常情况	设备无飘水、溢水、渗漏水,水盘水质无异常现象	
		检查填料、风道是否正常	填料无破损、风道通畅	
		检查冷却塔是否有异响、异常振动等异常现象	冷却塔无异响、无异常振动等异常现象	
		检查柜体锁具是否完好	柜体锁具完好,能正常锁闭	
		查看线缆槽是否完整、牢靠	线缆槽完整、无盖板缺失	
		检查设备周边是否有杂物,设备表面是否存在明显积尘,设备房内卫生状态是否良好	设备周边无杂物,设备表面无明显积尘,设备房内干净整洁	
	保养	检查指示灯、开关等设备功能是否正常,标识是否清晰、齐全、正确	指示灯、开关等设备功能正常,标识清晰、齐全、正确	空调季每月,非空调季每季
		检查线缆绑扎是否整齐,设备及配件安装(或接插)是否牢固,防火封堵是否良好	线缆绑扎整齐、美观,设备及配件安装(或接插)牢固,防火封堵良好	
		检查所有电气、信号接线的连接部位是否紧固、可靠	电气、信号接线连接紧固,无虚接、松动现象	
		检查接地连接线是否可靠	接地连接线牢靠可靠(导通测试)	
		清扫设备、线缆及元器件上的积尘,擦拭、清理柜体内外的灰尘、异物、污渍等	设备、线缆及元器件上无积尘,柜体内外清洁、无异物、污渍等	
		检查塔体结构安装面、支柱、水管等是否垂直,固定螺栓及附件是否牢固	塔体结构安装面、支柱、水管等安装垂直,固定螺栓及附件牢固	
		检查塔体外观是否存在变形、破损等现象,底盆是否存在渗漏水现象	塔体外观无变形、破损等现象,底盆无渗漏水现象	
		检查风机叶片是否存在变形、损坏等现象,叶片的安装角度是否正确,叶片与风筒是否存在碰撞隐患	风机叶片无变形、损坏等现象;风机叶片安装角度相同,且对号安装;风机叶片尖与风筒内壁之间距离保持均匀距离	
		检查电机安装是否牢靠,接线盒密封是否良好,轴承是否正常	电机安装牢靠,接线盒密封,防水性能保持良好,轴承无异常噪声和振动	

续上表

设备名称	修程	工　作　内　容	标　　准	周期
冷却塔	保养	检查电机、皮带轮、皮带、减速器水平度,电机皮带松紧度	用水平仪检查电机、皮带轮、皮带、减速器水平度误差不大于 3 mm;压皮带,位移约 1 cm 皮带无裂纹磨损及开层为合格	空调季每月,非空调季每季
		检查转动部位的润滑油情况(每年第2、4季度进行注油)	运行无异常噪声和振动,注油周期为半年、润滑脂为 EP2、注油量为 150 g/次	
		检查播水系统管路状态是否正常,播水喷头是否存在松脱、堵塞情况,集水盘及洒水盘是否存在堵塞及渗漏水现象	播水系统管路安装水平,喷头无松脱、无杂物堵塞等情况,集水盘与洒水盘无异物堵塞及渗漏水情况	
		清洗冷却塔散热片,并检查填料排列是否整齐,间隙是否均匀,收水器表面是否平整、紧密	散热片表面平整、无塌落、无穿孔破裂,填料排列是否整齐,收水器表面平整、紧密、无松垮现象	
		检查淋水系统是否有漂水现象,挡水板与播水盆状态是否良好,内接管连接处密封是否良好,有无溢水等异常情况	挡水板必须接触到收水器上面与填料压实,保证播水时不会造成漂水,密封可靠;内外挡水板螺丝间距 30 cm 左右,内接管法兰片旁 4 cm 处要安装螺栓,以免挡水板与播水盆间隙过大产生漂水;内接管连接处牢固密封,无溢水现象	
		检查浮球阀、溢水管、排污阀功能是否正常	补水浮球阀上下活动自如,能正常开关到位,溢水阀、排污阀可以正常工作	
		检查冷水塔及附属部件是否存在松动、锈蚀的情况	冷水塔及附属部件安装牢固,无松动、锈蚀情况	
		检查电机风量是否正常,水温是否正常	风量与电流成比值,无异常噪声;进、出水温度与冷水机组显示温度一致	
		对冷却塔进行功能测试	就地、远程启动各部件运转,功能正常	
	检修	含保养所有项目	同保养所有标准	每年
		测试电机绝缘,并做好记录	电机绝缘电阻不小于 0.5 MΩ	
		对冷却塔进行加药	视设备具体情况适量加药	
		对冷水塔及附属部件进行全面除锈,并视具体情况进行补漆或涂油	冷水塔及附属部件无锈蚀	

5. 冷冻及冷却水泵的运行

根据现场情况选择远程或手动控制,但因为其与冷水机组关联,一般不需要手动控制,如图 3.11 所示。

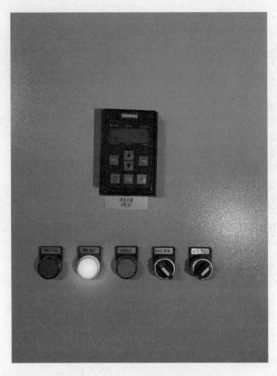

图 3.11 冷冻水泵控制面板

6. 冷冻及冷却水泵的维护

冷冻及冷却水泵维修周期、工作内容及维修标准见表 3.12。

表 3.12 冷冻及冷却水泵维修周期、工作内容及维修标准

设备名称	修程	工 作 内 容	标 准	周期
冷冻及冷却水泵	巡检	在控制柜上查看设备运行状态是否正常	控制柜上显示设备运行状态正常,无故障告警现象	空调季每日,非空调季每月
		查看转换开关位置是否正确;指示灯、仪表等设备状态显示是否正常;指示灯、开关、电缆等设备标识是否齐全	转换开关置于自动位;指示灯、仪表等设备状态显示正常;指示灯、开关、电缆等设备标识齐全	
		检查控制柜内有无凝露现象	控制柜内干燥,无凝露现象	
		检查设备及线缆状态是否正常,防火封堵是否良好	设备及线缆无损坏、发热、烧焦、异音、异味等现象,防火封堵良好	
		检查阀门开关位置是否正确,"常开""常闭"标识是否齐全	阀门开关位置正确,"常开""常闭"标识齐全	
		检查管道、阀门等部位有无渗漏水现象	管道、阀门等部位无渗漏水现象	
		检查水泵是否有异响、异常振动等异常现象	水泵无异响、异常振动等异常现象	
		检查柜体锁具是否完好	柜体锁具完好,能正常锁闭	

续上表

设备名称	修程	工作内容	标准	周期
冷冻及冷却水泵	巡检	查看线缆槽是否完整、牢靠	线缆槽完整、无盖板缺失	空调季每日，非空调季每月
		检查设备周边是否有杂物，设备表面是否存在明显积尘，设备房内卫生状态是否良好	设备周边无杂物，设备表面无明显积尘，设备房内干净整洁	
	保养	检查指示灯、开关等设备功能是否正常，标识是否清晰、齐全、正确	指示灯、开关等设备功能正常，标识清晰、齐全、正确	空调季每月，非空调季每季
		检查线缆绑扎是否整齐，设备及配件安装（或接插）是否牢固，防火封堵是否良好	线缆绑扎整齐、美观，设备及配件安装（或接插）牢固，防火封堵良好	
		检查所有电气、信号接线的连接部位是否紧固、可靠	电气、信号接线连接紧固、无虚接、松动现象	
		检查接地连接线是否可靠	接地连接线牢靠可靠（导通测试）	
		清扫设备、线缆及元器件上的积尘，擦拭、清理柜体内外的灰尘、异物、污渍等	设备、线缆及元器件上无积尘，柜体内外清洁、无异物、污渍等	
		检查管道保温层有无破损、缺失的情况	管道保温层无破损、缺失的情况	
		检查压力表、温度计、阀门等附件功能是否正常，状态是否良好	压力表、温度计、阀门等附件功能功能正常	
		检查水温是否与机组显示是否一致	水泵温度计水温与机组显示温度一致（±1℃）	
		检查水泵减震器状态是否良好	水泵减震器安装稳固，状态良好	
		检查冷冻、却水泵及附属部件是否存在松动、锈蚀的情况	冷冻、却水泵及附属部件安装牢固，无松动、锈蚀情况	
		对冷冻及冷却水泵进行功能测试（测试前先确认阀门是否打开）	就地、远程启泵，水泵电压、电流、水压正常	
	检修	含保养所有项目	同保养所有标准	每年
		测试电机绝缘电阻，并做记录	电机绝缘电阻不小于 0.5 MΩ	
		检查或更换水泵润滑油	水泵润滑油无缺少，润滑油无乳化现象，更换润滑油应符合厂方技术要求	
		对冷冻、却水泵及附属部件进行全面除锈，并视具体情况进行补漆或涂油	冷冻、却水泵及附属部件无锈蚀	

3.3.4　隧道通风系统的运行与维护

1. 隧道通风系统的运行

可根据实际情况选择远程或手动启动，风机有正反转之分，根据需求进行使用，启动时，对应风阀必须打开，在环控电控室可对对应风机、风阀进行启动，如图 3.12 所示。

图 3.12　隧道风阀控制面板

2. 隧道通风系统的维护

隧道通风系统维修周期、工作内容及维修标准见表 3.13。

表 3.13　隧道通风系统维修周期、工作内容及维修标准

设备名称	修程	工 作 内 容	标 准	周期
TVF、TEF 风机	巡检	在控制柜、监测箱上查看设备运行状态是否正常	控制柜、监测箱上显示设备运行状态正常,无故障告警现象	每周
		查看转换开关位置是否正确;指示灯、仪表等设备状态显示是否正常;指示灯、开关、电缆等设备标识是否齐全	转换开关置于自动位;指示灯、仪表等设备状态显示正常;指示灯、开关、电缆等设备标识齐全	
		检查控制柜、监测箱内有无凝露现象	控制柜、监测箱内干燥,无凝露现象	
		检查设备及线缆状态是否正常,防火封堵是否良好	设备及线缆无损坏、发热、烧焦、异音、异味等现象,防火封堵良好	
		检查风阀开关状态是否到位,有无裂痕、缺口等异常情况	风阀关到位时,百叶与基面垂直,风阀开到位时,百叶与基面水平;风阀表面无裂痕、缺口等异常情况	
		检查风阀状态是否正常	控制柜上显示风阀开关状态正常,无故障报警	
		检查风机进、出油口有无漏油现象	风机进、出油口无漏油现象	

续上表

设备名称	修程	工 作 内 容	标 准	周期
TVF、TEF 风机	巡检	检查风机机械部件有无变形、松脱情况;周边固定件有无松动迹象	风机机械部件无变形、松脱情况;周边固定件无松动迹象	每周
		风机连接处有无破损	风机连接处应无破损	
		检查柜体锁具是否完好	柜体锁具完好,能正常锁闭	
		查看线缆槽是否完整、牢靠	线缆槽完整、无盖板缺失	
		检查设备周边是否有杂物,设备表面是否存在明显积尘,设备房内卫生状态是否良好	设备周边无杂物,设备表面无明显积尘,设备房内干净整洁	
	保养	检查指示灯、开关等设备功能是否正常,标识是否清晰、齐全、正确	指示灯、开关等设备功能正常,标识清晰、齐全、正确	每季
		检查线缆绑扎是否整齐,设备及配件安装(或接插)是否牢固,防火封堵是否良好	线缆绑扎整齐、美观,设备及配件安装(或接插)牢固,防火封堵良好	
		检查所有电气、信号接线的连接部位是否紧固、可靠	电气、信号接线连接紧固、无虚接、松动现象	
		检查接地连接线是否可靠	接地连接线牢靠可靠(导通测试)	
		清扫设备、线缆及元器件上的积尘,擦拭、清理柜体内外的灰尘、异物、污渍等	设备、线缆及元器件上无积尘,柜体内外清洁、无异物、污渍等	
		检查风阀线缆是否牢固,风阀连杆润滑情况是否良好	风阀线缆安装牢固,连杆转动灵活	
		手动动作风阀,将其打至开位和关位,风阀能可靠动作	风阀动作可靠,状态反馈正常	
		检查风道内有无异物	风道内无异物	
		检查风机及附属部件是否存在松动、锈蚀的情况	风机及附属部件安装牢固,无松动、锈蚀情况	
		对风机双切电源进行切换功能测试,同时测量双切两路出线电压是否正常	先断主电源,双切能自动切换至备用电源供电,测量双切出线侧的线电压和相电压;再合上主电源,双切能自动切换回主电源供电,再次测量双切出线侧的线电压和相电压(线电压处于 400 V±10% 之间;相电压处于 220 V±10% 之间)	
		监测风机的运行电流是否正常(钳形电流表)	风机运行电流应无异常	
		对风机及风阀进行功能测试	就地、远程功能测试,风机及风阀运行正常	
	检修	含保养所有项目	同保养所有标准	每年
		测试电机绝缘电阻,并做记录	电机绝缘电阻不小于 0.5 MΩ	
		检查风机叶片的角度是否不平衡(更换叶片时需实际测量)	风机叶片角度一致,符合出厂要求	
		检查风叶及其组件有无松动、变形、断裂,角度是否一致	风叶及其组件无松动、变形、断裂,角度一致无变化	

续上表

设备名称	修程	工 作 内 容	标 准	周期
TVF、TEF 风机	检修	转动叶轮,检查叶尖与壳体的径相间隙	叶尖与壳体的径向间隙均匀	每年
		检查轨顶风口有无异物或松脱	轨顶风口无异物及松脱现象	
		检查风机平衡情况,必要时做动静平衡试验	风机运行应无异常噪声和振动	
		检测风量及风压是否能满足正常使用(更换叶片电机时需实际测量)	风量及风压应达到设计标准(见现场设备铭牌)	
		检查或更换机油	具体按厂家技术要求执行	
		对风机及附属部件进行全面除锈,并视具体情况进行补漆或涂油	风机及附属部件无锈蚀	
射流风机	巡检	在控制箱、监测箱上查看设备运行状态是否正常	控制箱、监测箱上显示设备运行状态正常,无故障告警现象	每周
		查看指示灯、仪表显示是否正常;指示灯、仪表等设备状态显示是否正常;指示灯、开关、电缆等设备标识是否齐全	指示灯、仪表等设备状态显示正常;指示灯、开关、电缆等设备标识齐全	
		检查控制箱、监测箱内有无凝露现象	控制箱、监测箱内干燥,无凝露现象	
		检查设备及线缆状态是否正常,防火封堵是否良好	设备及线缆无损坏、发热、烧焦、异音、异味等现象,防火封堵良好	
		查看松动故障监测预警装置数据是否正常,有无告警现象	松动故障监测预警装置数据正常,无告警现象	
		检查风机机械部件有无变形、松脱情况;周边固定件有无松动迹象	风机机械部件无变形、松脱情况;周边固定件无松动迹象	
		检查箱体锁具是否完好	箱体锁具完好,能正常锁闭	
		查看线缆槽是否完整、牢靠	线缆槽完整、无盖板缺失	
		检查设备周边是否有杂物,设备表面是否存在明显积尘,卫生状态是否良好	设备周边无杂物,设备表面无明显积尘,卫生状态良好	
	保养	检查指示灯、开关等设备功能是否正常,标识是否清晰、齐全、正确	指示灯、开关等设备功能正常,标识清晰、齐全、正确	每季
		检查线缆绑扎是否整齐,设备及配件安装(或接插)是否牢固,防火封堵是否良好	线缆绑扎整齐、美观,设备及配件安装(或接插)牢固,防火封堵良好	
		检查所有电气、信号接线的连接部位是否紧固、可靠	电气、信号接线连接紧固,无虚接、松动现象	
		检查接地连接线是否可靠	接地连接线牢靠可靠(导通测试)	
		清扫设备、线缆及元器件上的积尘,擦拭、清理柜体内外的灰尘、异物、污渍等	设备、线缆及元器件上无积尘,柜体内外清洁、无异物、污渍等	
		检查风机进、出油口有无漏油现象	风机进、出油口无漏油现象	
		检查风叶及其组件有无松动、变形、断裂,角度是否一致	风叶及其组件无松动、变形、断裂,角度一致无变化	
		转动叶轮,检查叶尖与壳体的径相间隙	叶尖与壳体的径向间隙均匀	

续上表

设备名称	修程	工 作 内 容	标 准	周期
射流风机	保养	检查位移、振动传感器探头安装是否牢靠，探头表面是否干净，信号反馈是否正常	位移、振动传感器探头安装牢靠，探头表面干净，信号反馈正常	每季
		检查风机及附属部件是否存在松动、锈蚀的情况	风机及附属部件安装牢固，无松动、锈蚀情况	
		监测风机的运行电流是否正常(钳形电流表)	风机运行电流应无异常	
		对风机进行功能测试	就地、远程功能测试，风机运行正常	
	检修	含保养所有项目	同保养所有标准	每年
		测试电机绝缘电阻，并做记录	电机绝缘电阻不小于 0.5 MΩ	
		检查风机叶片的角度是否不平衡(更换叶片时需实际测量)	风机叶片角度一致，符合出厂要求	
		检查风机平衡情况，必要时做动静平衡试验	风机运行应无异常噪声和振动	
		检测风量及风压是否能满足正常使用(更换叶片电机时需实际测量)	风量及风压应达到设计标准(见现场设备铭牌)	
		检查或更换机油	具体按厂家技术要求执行	
		对风机及附属部件进行全面除锈，并视具体情况进行补漆或涂油	风机及附属部件无锈蚀	

注：本表中的控制柜特指位于区间的射流风机控制柜。

3.4 给排水系统的运行与维护

3.4.1 给水系统的运行与维护

1. 变频给水装置的使用

1)设备手动操作程序

(1)启动

①先将(自动—停止—手动)转换开关旋转到"停止"位。

②合上控制柜电源开关和变频器的供电开关。

③再将(自动—停止—手动)转换开关旋转到"手动"位。

④分别按各泵"启动"按钮，设备投入运行，相应"工频运行"指示灯亮。

(2)停止

①分别按下各泵"停止"按钮，使电机停止运行。

②可将(自动—停止—手动)转换开关转到中间位，断开变频器供电开关，最后断开电源开关。

2)设备自动操作程序

(1)启动

①先将(自动—停止—手动)转换开关旋转到"停止"位。

②合上控制柜电源开关和变频器的供电开关。

③将(自动—停止—手动)转换开关旋转到"自动"位。

④延时几秒钟后,控制系统将自动控制开泵、关泵的操作,保证恒压变量供水。

(2)停止

①将(自动—停止—手动)转换并关转到中间位,使各电机均停止运行。

②再断开变频器供电开关,最后断开电源开关,变频给水装置控制面板如图3.13所示。

注:在自动状态下,压力设置按键才会投入使用。

图 3.13　变频给水装置控制面板

2. 变频给水装置的维护

变频给水装置维修周期、工作内容及维修标准见表3.14。

表 3.14　变频给水装置维修周期、工作内容及维修标准

设备名称	修程	工 作 内 容	标 准	周期
变频给水装置	巡检	在控制柜上查看设备运行状态是否正常	控制柜显示设备运行状态正常,无故障告警现象	每日
		查看指示灯、仪表等设备状态显示是否正常;指示灯、开关、电缆等设备标识是否齐全	指示灯、仪表状态显示正常;指示灯、仪表等设备状态显示正常;指示灯、开关、电缆等设备标识齐全	
		检查控制柜内有无凝露现象	控制柜内干燥、无凝露现象	

续上表

设备名称	修程	工　作　内　容	标　　准	周期
变频给水装置	巡检	检查设备及线缆状态是否正常,防火封堵是否良好	设备及线缆无损坏、发热、烧焦、异音、异味等现象,防火封堵良好	每日
		查看压力表显示是否正常,压力表显示的压力读数是否正常	压力表能正常显示,压力读数正确	
		检查阀门开关位置是否正确,"常开""常闭"标识是否齐全	阀门开关位置正确,"常开""常闭"标识齐全	
		检查管道、阀门等部位有无渗漏水现象	管道、阀门等部位无渗漏水现象	
		检查水箱外观是否存在破损、变形等异常现象,有无渗漏水现象	水箱外观无破损、变形,无渗漏水现象	
		查看水箱内的水质是否干净	水箱水质干净,无异味、漂浮物、沉淀物等	
		检查柜体锁具是否完好	柜体锁具完好,能正常锁闭	
		检查线缆槽是否完整、牢靠	线缆槽完整,无盖板缺失	
		检查设备周边是否有杂物,设备表面是否存在明显积尘,设备房内卫生状态是否良好	设备周边无杂物,设备表面无明显积尘,设备房内干净整洁	
	保养	检查指示灯、开关等设备功能是否正常,标识是否清晰、齐全、正确	指示灯、开关、按钮等设备功能正常,标识清晰、齐全、正确	每月
		检查线缆绑扎是否整齐,设备及配件安装(或接插)是否牢固,防火封堵是否良好	线缆绑扎整齐、美观,设备及配件安装(或接插)牢固,防火封堵良好	
		检查所有电气、信号接线的连接部位是否紧固、可靠	电气、信号接线连接紧固,无虚接、松动现象	
		检查接地连接线是否可靠	接地连接线牢靠可靠(导通测试)	
		清扫设备、线缆及元器件上的积尘,擦拭、清理柜体内外的灰尘、异物、污渍等	设备、线缆及元器件上无积尘,柜体内外清洁,无异物、污渍等	
		检查水泵减震器固定是否牢靠,减震器状态是否正确	水泵减震器安装牢靠,减震器状态良好	
		检查水泵底座固定螺栓是否松动、锈蚀	水泵底座固定螺栓无松动、锈蚀	
		检查水箱浮球动作是否灵敏,功能是否正常	浮球动作灵敏,功能正常	
		检查气压罐外观是否正常	气压罐外观状态良好	
		检查水箱外观及水位显示是否正常;水箱内部是否清洁,若有污渍及时清洗	水箱外观良好,无渗漏,液位显示正常,液位不低于补水阀;内箱内部清洁,无污渍	
		检查设备及附属部件是否存在松动、锈蚀的情况	设备及附属部件安装牢固,无松动、锈蚀情况	
		对给水泵进行功能测试	手动、自动启泵正常	
	检修	含保养所有项目	同保养所有标准	每年
		测试水泵的绝缘电阻,并做记录	绝缘电阻不小于 $0.5\ M\Omega$	
		检查检查水泵整体运行情况,并视情况添加或更换润滑油	符合产品维护说明书中相关要求	
		对水泵、管道及附属结构部件进行全面除锈,并视具体情况进行补漆或涂油	水泵、管道及附属结构部件无锈蚀	

3. 热水循环设备的使用

如图 3.14 所示,确认设备状态正常后,可根据实际情况手动或自动操作。

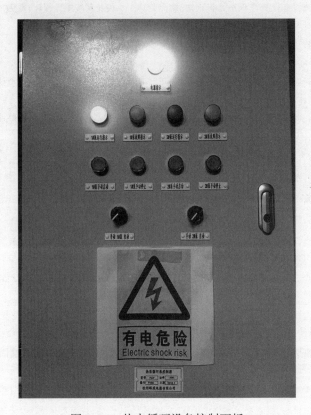

图 3.14　热水循环设备控制面板

4. 热水循环设备的维护

热水循环设备维修周期、工作内容及维修标准见表 3.15。

表 3.15　热水循环设备维修周期、工作内容及维修标准

设备名称	修程	工 作 内 容	标 准	周期
热水循环设备	巡检	在控制柜上查看设备运行状态是否正常	控制柜显示设备运行状态正常,无故障告警现象	每周
		查看转换开关位置是否正确;指示灯、仪表等设备状态显示是否正常;指示灯、开关、电缆等设备标识是否齐全	转换开关位置正确;指示灯、仪表等设备状态显示正常;指示灯、开关、电缆等设备标识齐全	
		检查控制柜内有无凝露现象	控制柜内干燥、无凝露现象	
		检查设备及线缆状态是否正常,防火封堵是否良好	设备及线缆无损坏、发热、烧焦、异音、异味等现象,防火封堵良好	
		检查阀门开关位置是否正确,"常开""常闭"标识是否齐全	阀门开关位置正确,"常开""常闭"标识齐全	

设备名称	修程	工 作 内 容	标 准	周期
热水循环设备	巡检	检查管道、阀门等部位有无渗漏水现象	管道、阀门等部位无渗漏水现象	每周
		检查空气能热泵热水机组叶扇出风口有无异物遮挡,叶扇罩有无松动迹象	空气能热泵热水机组叶扇出风口无异物,叶扇罩无松动	
		查看热水出水管道压力是否符合要求	压力表读数处于正常范围(参考值 0.4 MPa)	
		查看热水储水罐水温是否达到要求	温度表显示温度应达到 50 ℃	
		查看管道保温层有无破损、缺失现象	管道保温层无明显破损、缺失现象	
		检查柜体锁具是否完好	柜体锁具完好,能正常锁闭	
		检查线缆槽是否完整、牢靠	线缆槽完整、无盖板缺失	
		检查设备周边是否有杂物,设备表面是否存在明显积尘,设备房内卫生状态是否良好	设备周边无杂物,设备表面无明显积尘,设备房内干净整洁	
	保养	检查指示灯、开关等设备功能是否正常,标识是否清晰、齐全、正确	指示灯、开关、按钮等设备功能正常,标识清晰、齐全、正确	每季
		检查线缆绑扎是否整齐,设备及配件安装(或接插)是否牢固,防火封堵是否良好	线缆绑扎整齐、美观,设备及配件安装(或接插)牢固,防火封堵良好	
		检查所有电气、信号接线的连接部位是否紧固、可靠	电气、信号接线连接紧固、无虚接、松动现象	
		检查接地连接线是否可靠	接地连接线牢靠可靠(导通测试)	
		清扫设备、线缆及元器件上的积尘,擦拭、清理柜体内外的灰尘、异物、污渍等	设备、线缆及元器件上无积尘,柜体内外清洁、无异物、污渍等	
		检查并验证管道阀门开、闭状态是否正确,有无渗漏水现象	泄水阀门应处于常闭状态、出水阀处于开启状态,无渗漏水现象	
		检查管道阀门机械动作是否卡塞,机械动作处润滑是否良好	阀门转动灵活,无卡塞现象,润滑状态良好	
		检查空气能热泵热水机组固定螺栓是否存在松动、锈蚀的情况	空气能热泵热水机组固定螺栓无松动、锈蚀	
		检查皮带有无损坏,松紧度是否正常	皮带无裂纹、磨损及开层现象,松紧度正常	
		检查管道保温层有无破损、缺失的情况	管道保温层无破损、缺失的情况	
		检查设备及附属部件是否存在松动、锈蚀的情况	设备及附属部件安装牢固,无松动、锈蚀情况	
	检修	含保养所有项目	同保养所有标准	每年
		测试水泵的绝缘电阻,并做记录	绝缘电阻不小于 0.5 MΩ	
		对设备、管道及附属结构部件进行全面除锈,并视具体情况进行补漆或涂油	设备、管道及附属结构部件无锈蚀	

5. 饮水机的使用与维护

面板 SET 为设置,进入程序后根据实际需求进行设置如图 3.15 所示。

饮水机维修周期、工作内容及维修标准见表 3.16。

图 3.15　饮水机面板

表 3.16　饮水机维修周期、工作内容及维修标准

设备名称	修程	工作内容	标准	周期
饮水机	巡检	查看饮水机工作状态是否正常	饮水机能可靠工作,无异音、异味,控制面板显示正常、无故障代码	每周
		查看出水口水量、水温是否正常	饮水机出水口出水通畅,热水温度不低于90 ℃	
		查看储水量是否正常	储水显示应处于满格状态	
		查看饮水机滤芯状态是否正常	滤芯状态正常,无告警	
		检查进、出水管状态是否正常,有无渗漏现象	进、出水管状态正常,无渗漏情况	
		检查渗水盘是否堵塞	盛水盘无异物,渗水通畅	
		检查地漏是否堵塞	地漏内无异物,排水通畅	
		检查线缆绑扎是否整齐,电缆是否存在老化、破损现象	线缆绑扎整齐、美观,电缆无老化、破损现象	

3.4.2　消防水系统的运行与维护

1. 消防泵及其增压设备的使用

(1)消防泵现场有 1.3 手动、2.4 自动、手动三种状态,1、2 泵为消防泵,3、4 泵为稳压泵。

（2）当现场为自动状态时，系统会根据消防水实际使用情况自动蓄水加压。

（3）当现场为手动状态时，系统会根据需求，是否选择启泵，根据压力表、水位等情况实时监测。

（4）可按自动巡检检查各个环节设备的实际情况。

（5）控制柜上方面板为控制柜内电气线路的实时电压和电流，用来判断设备是否正常，如图 3.16 所示。

图 3.16　消防泵控制柜

2. 消防泵及其增压设备的维护

消防泵及其增压设备维修周期、工作内容及维修标准见表 3.17。

表 3.17　消防泵及其增压设备维修周期、工作内容及维修标准

设备名称	修程	工 作 内 容	标　准	周期
消防泵、喷淋泵、稳压泵	巡检	在控制柜上查看设备运行状态是否正常	控制柜显示设备运行状态正常，无故障告警现象	每日（主所每周）
		查看转换开关位置是否正确，指示灯、仪表等设备状态显示是否正常；指示灯、开关、电缆等设备标识是否齐全	转换开关置于自动位；指示灯、仪表等设备状态显示正常；指示灯、开关、电缆等设备标识齐全	
		检查控制柜内有无凝露现象	控制柜内干燥、无凝露现象	
		检查设备及线缆状态是否正常，防火封堵是否良好	设备及线缆无损坏、发热、烧焦、异音、异味等现象，防火封堵良好	
		查看压力表显示是否正常，压力表显示的压力读数是否正常	压力表能正常显示，压力读数在消防泵下限值以上	
		检查阀门开关位置是否正确，"常开""常闭"标识是否齐全	阀门开关位置正确，"常开""常闭"标识齐全	

设备名称	修程	工作内容	标准	周期
消防泵、喷淋泵、稳压泵	巡检	检查管道、阀门等部位有无渗漏水现象	管道、阀门等部位无渗漏水现象	每日（主所每周）
		检查水池水位是否处于正常范围内	水池水位处于浮球上限值和下限值之间	
		检查柜体锁具是否完好	柜体锁具完好,能正常锁闭	
		检查线缆槽是否完整、牢靠	线缆槽完整、无盖板缺失	
		检查设备周边是否有杂物,设备表面是否存在明显积尘,设备房内卫生状态是否良好	设备周边无杂物,设备表面无明显积尘,设备房内干净整洁	
	保养	检查指示灯、开关等设备功能是否正常,标识是否清晰、齐全、正确	指示灯、开关、按钮等设备功能正常,标识清晰、齐全、正确	每月
		检查线缆绑扎是否整齐,设备及配件安装（或接插）是否牢固,防火封堵是否良好	线缆绑扎整齐、美观,设备及配件安装（或接插）牢固,防火封堵良好	
		检查所有电气、信号接线的连接部位是否紧固、可靠	电气、信号接线连接紧固、无虚接、松动现象	
		检查接地连接线是否可靠	接地连接线牢靠可靠（导通测试）	
		清扫设备、线缆及元器件上的积尘,擦拭、清理柜体内外的灰尘、异物、污渍等	设备、线缆及元器件上无积尘,柜体内外清洁、无异物、污渍等	
		检查并验证管道阀门开、闭状态是否正确,有无渗漏水现象	泄水阀门应处于常闭状态、出水阀处于开启状态,无渗漏水现象	
		检查管道阀门机械动作是否卡塞,机械动作处润滑是否良好	阀门转动灵活,无卡塞现象,润滑状态良好	
		检查水泵底座的固定螺栓是否存在松动、锈蚀的情况	水泵底座固定螺栓无松动、锈蚀	
		检查气压罐外观及压力显示是否正常	气压罐外观状态良好,压力表显示读数正常	
		检查管道漆面状态是否良好,是否存在掉漆和锈蚀情况	管路表面漆面均匀,无掉漆现象,管路无明显锈蚀现象	
		检查水池水位及液位计状态是否正常	水池水位正常,液位计状态良好	
		检查水泵及附属部件是否存在松动、锈蚀的情况	水泵及附属部件安装牢固,无松动、锈蚀情况	
		对消防泵进行功能性试验	就地、远程启动水泵,水泵运行状态正常	
	检修	含保养所有项目	同保养所有标准	每年
		测试水泵的绝缘电阻,并做记录	绝缘电阻不小于 0.5 MΩ	
		检查检查水泵整体运行情况,并视情况添加或更换润滑油	符合产品维护说明书中相关要求	
		对水泵、管道及附属结构部件进行全面除锈,并视具体情况进行补漆或涂油	水泵、管道及附属结构部件无锈蚀	
		消火栓放水试验	消火栓能正常出水,出水压力能达到设计需求	

3. 消防栓及其附属设备的使用

如图 3.17 所示,将两侧接上水管,顺时针旋转上方阀门,即可使用。

图 3.17 消防栓

4. 消防栓及其附属设备的维护

消防栓及其附属设备维修周期、工作内容及维修标准见表 3.18。

表 3.18 消防栓及其附属设备维修周期、工作内容及维修标准

设备名称	修程	工作内容	标准	周期
消火栓、水泵结合器、管路、阀门及其他附属设备设施	巡检	检查消火栓及水泵接合器是否完好,有无渗漏水现象	消火栓及水泵接合器完好,无渗漏水现象	每月
		检查消火栓及水泵接合器有无明显脱漆、锈蚀现象	消火栓及水泵接合器无明显脱漆、锈蚀现象,若存在脱漆问题,新补漆颜色应与原色一致	
		检查消火栓箱体玻璃、锁具等设施是否完好;箱体内部是否存在明显积尘或异物;水带、喷头等附属部件是否完整,性能是否良好	消火栓箱体玻璃、锁具等设施完好;箱体内部无明显积尘或异物;水带、喷头等附属部件完整,性能良好	
		检查雨水井排水是否通畅;雨水井、检修井、阀门井内有无异物	雨水井排水通畅;雨水井、检修井、阀门井内无异物	
		查看雨水管有无松动迹象,是否存在倾斜、破损、脱落及渗漏水等现象	雨水管安装牢固,无倾斜、破损、脱落及渗漏水等现象	
		检查阀门状态是否良好,阀门螺杆润滑情况状态是否良好	阀门状态良好,阀门螺杆润滑情况状态良好;管道、阀门阀体无锈蚀现象	

续上表

设备名称	修程	工作内容	标准	周期
消火栓、水泵结合器、管路、阀门及其他附属设备设施	巡检	检查附属管路、阀门是否存在锈蚀或渗漏水现象	附属管路、阀门无锈蚀、无渗漏水现象	每月
		检查水表运转状态是否正常，表屏有无破损现象，水表连接处有无渗漏水现象	水表运转状态正常，表屏无破损现象，水表连接处无渗漏水现象	
		检查管道波纹补偿器、金属软管、橡胶软接等是否存在损坏及其他异常情况	管道波纹补偿器、金属软管、橡胶软接等无损坏，状态良好	
		检查或了解卫生间及其他部位的水龙头、脚踏阀等给排水附属设备设施是否存在损坏或性能不良的情况	水龙头、脚踏阀等给排水附属设备设施无损坏情况，性能良好	
		检查管路支架、卡箍及其他给排水及消防系统附属设备设施是否存在松脱、变形、损坏或明显锈蚀等不良情况	管路支架、卡箍及其他给排水及消防系统附属设备设施无松脱、变形、损坏、明显锈蚀等情况，状态良好	

3.4.3　污水处理系统的运行与维护

1. 污水提升装置的使用与维护

根据实际情况，污水提升装置分为自动、手动控制，一般情况下，系统会根据现场水位情况自动启动，需要手动启动时，打到手动位启动即可，如图 3.18 所示。

图 3.18　污水提升装置控制面板

污水提升装置维修周期、工作内容及维修标准见表 3.19。

表 3.19 污水提升装置维修周期、工作内容及维修标准

设备名称	修程	工作内容	标准	周期
污水提升装置	巡检	在控制柜上查看设备运行状态是否正常	控制柜显示设备运行状态正常,无故障告警现象	每日
		查看转换开关位置是否正确;指示灯、仪表等设备状态显示是否正常;指示灯、开关、电缆等设备标识是否齐全	转换开关置于自动位;指示灯、仪表等设备状态显示正常;指示灯、开关、电缆等设备标识齐全	
		检查控制柜内有无凝露现象	控制柜内干燥、无凝露现象	
		检查设备及线缆状态是否正常,防火封堵是否良好	设备及线缆无损坏、发热、烧焦、异音、异味等现象,防火封堵良好	
		检查阀门开关位置是否正确,"常开""常闭"标识是否齐全	阀门开关位置正确,"常开""常闭"标识齐全	
		检查管道、阀门等部位有无渗漏水现象	管道、阀门等部位无渗漏水现象	
		检查水箱外观是否存在破损、变形等异常现象,有无渗漏水现象	水箱外观无破损、变形,无渗漏水现象	
		检查柜体锁具是否完好	柜体锁具完好,能正常锁闭	
		检查线缆槽是否完整、牢靠	线缆槽完整、无盖板缺失	
		检查设备周边是否有杂物,设备表面是否存在明显积尘,设备房内卫生状态是否良好	设备周边无杂物,设备表面无明显积尘,设备房内干净整洁	
	保养	检查指示灯、开关等设备功能是否正常,标识是否清晰、齐全、正确	指示灯、开关、按钮等设备功能正常,标识清晰、齐全、正确	每月
		检查线缆绑扎是否整齐,设备及配件安装(或接插)是否牢固,防火封堵是否良好	线缆绑扎整齐、美观,设备及配件安装(或接插)牢固,防火封堵良好	
		检查所有电气、信号接线的连接部位是否紧固、可靠	电气、信号接线连接紧固、无虚接、松动现象	
		检查接地连接线是否可靠	接地连接线牢靠可靠(导通测试)	
		清扫设备、线缆及元器件上的积尘,擦拭、清理柜体内外的灰尘、异物、污渍等	设备、线缆及元器件上无积尘,柜体内外清洁、无异物、污渍等	
		检查管路、阀门有无反水、漏水现象;阀门开关是否灵活、到位	管路、阀门无反水、漏水现象;阀门开关灵活、到位	
		检查设备及附属部件是否存在松动、锈蚀的情况	设备及附属部件安装牢固,无松动、锈蚀情况	
		对提升装置进行功能测试	手动启动提升装置性能正常	
	检修	含保养所有项目	同保养所有标准	每年
		测试水泵的绝缘电阻,并做记录	绝缘电阻不小于 $0.5~M\Omega$	
		检查检查水泵整体运行情况,并视情况添加或更换润滑油	符合产品维护说明书中相关要求	
		对水泵、管道及附属结构部件进行全面除锈,并视具体情况进行补漆或涂油	水泵、管道及附属结构部件无锈蚀	

2. 潜污泵的使用与维护

根据实际情况,污水泵分为自动、手动控制,一般情况下,系统会根据现场水位情况自动启动,需要手动启动时,打到手动位启动即可,如图 3.19 所示。

图 3.19　潜污泵控制面板

潜污泵维修周期、工作内容及维修标准见表 3.20。

表 3.20　潜污泵维修周期、工作内容及维修标准

设备名称	修程	工作内容	标准	周期
潜污泵	巡检	在控制柜上查看设备运行状态是否正常	控制柜显示设备运行状态正常,无故障告警现象	每周
		查看转换开关位置是否正确;指示灯、仪表等设备状态显示是否正常;指示灯、开关、电缆等设备标识是否齐全	转换开关置于自动位;指示灯、仪表等设备状态显示正常;指示灯、开关、电缆等设备标识齐全	
		检查控制柜内有无凝露现象	控制柜内干燥、无凝露现象	
		检查设备及线缆状态是否正常,防火封堵是否良好	设备及线缆无损坏、发热、烧焦、异音、异味等现象,防火封堵良好	
		检查阀门开关位置是否正确,"常开""常闭"标识是否齐全	阀门开关位置正确,"常开""常闭"标识齐全	
		检查管道、阀门等部位有无渗漏水现象	管道、阀门等部位无渗漏水现象	
		检查柜体锁具是否完好	柜体锁具完好,能正常锁闭	

续上表

设备名称	修程	工作内容	标准	周期
潜污泵	巡检	检查线缆槽是否完整、牢靠	线缆槽完整、无盖板缺失	每周
		检查设备周边是否有杂物,设备表面是否存在明显积尘,设备房内卫生状态是否良好	设备周边无杂物,设备表面无明显积尘,设备房内干净整洁	
	保养	检查指示灯、开关等设备功能是否正常,标识是否清晰、齐全、正确	指示灯、开关、按钮等设备功能正常,标识清晰、齐全、正确	每月
		检查线缆绑扎是否整齐,设备及配件安装(或接插)是否牢固,防火封堵是否良好	线缆绑扎整齐、美观,设备及配件安装(或接插)牢固,防火封堵良好	
		检查所有电气、信号接线的连接部位是否紧固、可靠	电气、信号接线连接紧固,无虚接、松动现象	
		检查接地连接线是否可靠	接地连接线牢靠可靠(导通测试)	
		清扫设备、线缆及元器件上的积尘,擦拭、清理柜体内外的灰尘、异物、污渍等	设备、线缆及元器件上无积尘,柜体内外清洁,无异物、污渍等	
		查看集水坑水位情况,与水泵运行工况是否一致	集水坑水位情况与水泵运行工况保持一致	
		查看浮球及线缆固定情况	浮球无打结情况、自然垂落、状态正常、线缆捆扎牢固	
		检查管路、阀门有无反水、漏水现象;阀门开关是否灵活、到位	管路、阀门无反水、漏水现象;阀门开关灵活、到位	
		检查水泵与耦合器是否吻合	水泵与耦合到位、状态良好	
		检查管道漆面状态是否良好,是否存在掉漆和锈蚀情况	管路表面漆面均匀,无掉漆现象,管路无明显锈蚀现象	
		检查设备及附属部件是否存在松动、锈蚀的情况	设备及附属部件安装牢固,无松动、锈蚀情况	
		测试水泵运转情况	水泵运行声音平稳,无喘振、无异响	
		对潜污泵进行功能测试	手动、自动启停潜污泵正常	
	检修	含保养所有项目	同保养所有标准	每年
		测试水泵的绝缘电阻,并做记录	绝缘电阻不小于 $0.5\ \mathrm{M\Omega}$	
		确认潜污泵浮球位置	潜污泵浮球应处于适当位置,低水位浮球不低于泵顶	
		检查潜污泵电缆外观是否存在破损、腐蚀等现象	潜污泵电缆无破损、腐蚀等现象,若有异常应对电缆进行整体更换	
		检查水泵整体运行情况,并视情况添加或更换润滑油	符合产品维护说明书中相关要求	
		清理潜污泵基坑	潜污泵基坑内无影响水泵运行的异物	
		对水泵、管道及附属结构部件进行全面除锈,并视具体情况进行补漆或涂油	水泵、管道及附属结构部件无锈蚀	

3.SBR 综合污水处理设备的使用与维护

如图 3.20 所示,自动时会根据现场实际情况运行,当需手动运行时,将转换开关打至"手动",按对应设备的启动按钮就会运行。

图 3.20　SBR 综合污水处理设备控制面板

SBR 综合污水处理设备维修周期、工作内容及维修标准见表 3.21。

表 3.21　SBR 综合污水处理设备维修周期、工作内容及维修标准

设备名称	修程	工 作 内 容	标 准	周期
SBR 综合污水处理设备	巡检	在控制柜上查看设备运行状态是否正常	控制柜显示设备运行状态正常,无故障告警现象	每周
		查看转换开关位置是否正确;指示灯、仪表等设备状态显示是否正常;指示灯、开关、电缆等设备标识是否齐全	转换开关置于自动位;指示灯、仪表等设备状态显示正常;指示灯、开关、电缆等设备标识齐全	
		检查控制柜内有无凝露现象	控制柜内干燥、无凝露现象	
		检查设备及线缆状态是否正常,防火封堵是否良好	设备及线缆无损坏、发热、烧焦、异音、异味等现象,防火封堵良好	
		检查除磷装置加药容量是否正常	除磷加药容量不得低于 200 L	
		检查阀门开关位置是否正确,"常开""常闭"标识是否齐全	阀门开关位置正确,"常开""常闭"标识齐全	
		检查管道、阀门等部位有无渗漏水现象	管道、阀门等部位无渗漏水现象	
		查看调节池、反应池内水面是否存在大量漂浮物	调节池、反应池内无明显大量漂浮物	
		查看调节池水位情况,与水泵运行工况是否一致	调节池水位情况与水泵运行工况保持一致	
		检查 SBR 综合处理池外观是否正常,有无渗漏水现象	SBR 综合处理池外观良好,无渗漏水现象	

续上表

设备名称	修程	工 作 内 容	标 准	周期
SBR 综合污水处理设备	巡检	检查柜体锁具是否完好	柜体锁具完好,能正常锁闭	每周
		检查线缆槽是否完整、牢靠	线缆槽完整、无盖板缺失	
		检查设备周边是否有杂物,设备表面是否存在明显积尘,设备房内卫生状态是否良好	设备周边无杂物,设备表面无明显积尘,设备房内干净整洁	
	保养	检查指示灯、开关等设备功能是否正常,标识是否清晰、齐全、正确	指示灯、开关、按钮等设备功能正常,标识清晰、齐全、正确	每季
		检查线缆绑扎是否整齐,设备及配件安装(或接插)是否牢固,防火封堵是否良好	线缆绑扎整齐、美观,设备及配件安装(或接插)牢固,防火封堵良好	
		检查所有电气、信号接线的连接部位是否紧固、可靠	电气、信号接线连接紧固、无虚接、松动现象	
		检查接地连接线是否可靠	接地连接线牢靠可靠(导通测试)	
		清扫设备、线缆及元器件上的积尘,擦拭、清理柜体内外的灰尘、异物、污渍等	设备、线缆及元器件上无积尘,柜体内外清洁、无异物、污渍等	
		检查阀门电动执行器运转状态是否正常	手动转动电动执行器,无卡塞情况	
		检查管道漆面状态是否良好,是否存在掉漆和锈蚀情况	管路表面漆面均匀,无掉漆现象,管路无明显锈蚀现象	
		对 SBR 综合处理池中漂浮物进行打捞清理	SBR 综合处理池中无明显漂浮物	
		检查设备及附属部件是否存在松动、锈蚀的情况	设备及附属部件安装牢固,无松动、锈蚀情况	
		对 SBR 污水处理设备进行功能测试	手动启动潜污泵、曝气机等设备运行均正常	
	检修	含保养所有项目	同保养所有标准	每年
		测试水泵的绝缘电阻,并做记录	绝缘电阻不小于 $0.5\ M\Omega$	
		对 SBR 综合处理池进行一次排泥	SBR 综合处理池排泥口正常出水、出泥	
		对水泵、管道及附属结构部件进行全面除锈,并视具体情况进行补漆或涂油	水泵、管道及附属结构部件无锈蚀	

3.5 站台门系统的运行与检修

3.5.1 滑动门(ASD)的运行与维护

滑动门的维修采用"状态修"与"计划修"相结合的方式,具体标准见表 3.22。

表 3.22 滑动门维修周期、工作内容及维修标准

设备名称	修程	工作内容	标准	周期
滑动门	巡检	观察滑动门开、关门情况是否正常	滑动门开关顺畅,无延迟和卡顿现象;门扇、导轮与门框无刮蹭现象	每日
		检查滑动门玻璃状态是否良好	滑动门玻璃外观完整,无裂纹和划痕及其他异常现象	
		检查滑动门状态指示灯功能及外观状态是否正常	滑动门状态指示灯显示正常,罩壳安装牢固,无松动迹象	
		检查 LCD 屏状态是否正常	LCD 屏显示正常,无黑屏、色差等异常现象	
	保养	手动测试滑动门开关门状态是否正常	滑动门手动开关门,门体平稳移动,运动无阻碍;电磁锁灵活可靠;电机运转正常,无异响;门体与限位不发生剧烈碰撞,刚好接触	每月
		检查皮带轮(丝杆)转动状态是否良好	皮带轮(丝杆)运转平稳	
		检查导轮组件、门导轮运动是否平滑	导轮组件、门导轮运动平滑	
		检查滑动门各接线端子及接插件是否紧固,状态是否正常	滑动门各接线端子及接插件安装牢固,接线连接可靠,状态正常	
		检查接线盒、DCU 接线工艺及线缆状态是否良好	接线盒、DCU 接线整齐、稳固、美观,无老化、破损等现象,状态良好	
		检查侧盒内所有电气接线是否紧固;应急门继电器功能及状态是否正常	侧盒内电气接线紧固、无松动情况;应急门继电器功能正常,接线端子处于无锈蚀及其他不良情况	
		检查侧盒门、侧盒门锁(前盖板、盖板锁)状态是否正常	侧盒门可以关紧无缝隙,功能正常	
		含月度保养所有项目	同月度保养所有标准	每季
		检查模式开关是否正常	模式开关安装牢固,功能正常	
		检查碳刷磨损及变形程度以及配套铜片检查	碳刷及配套铜片磨损正常	
		清洁滑动门导轨	导轨擦拭干净,无异物黏附	
		检查皮带轮(丝杆)安装是否牢顺丰,驱动皮带张力(丝杆)状况	皮带轮(丝杆)安装牢固,皮带(丝杆)运动无明显抖动,无断裂、松脱、裂纹等不良情况	
		检查导轮组件、门导轮状态是否良好	导轮组件、门导轮外观完好、转动灵活	
		检查 LCD 屏供电接线端口的连接状态是否良好	LCD 屏连线接头牢固、无松动、破损等现象	
		检查等电位线有无松动	等电位线应连接紧固	
		检查并紧固门槛与车门间的防踏空板	门槛与车门间的防踏空板无松动	
		检查门扇玻璃、支架和胶条是否存在弯曲、变形、破损及其他不良情况	门扇玻璃、支架和胶条无弯曲、变形、破损等不良情况	
		检查门扇平整度	两扇门体在同一垂直平面内,无倾斜现象	
		检查滑动门门槛	滑动门门槛无受损、变形,状态良好	

续上表

设备名称	修程	工 作 内 容	标　　准	周期
滑动门	保养	清洁 LCD 屏	LCD 屏无积尘、水渍等现象	每季
		检查滑动门的运行时间(每年第 2、4 季度)	滑动门开门时间在 2.5～3.5 s 内,关门时间在 3.2～4.0 s 内	
		检查滑动门手动解锁装置性能是否可靠,安装是否牢固(每年第 2、4 季度)	滑动门手动解锁装置性能可靠,安装牢固	
		每侧抽检三道滑动门进行关门力测试(每年第 2、4 季度)	利用拉力计测试关门力(1/3 行程后测量)关门力应小于 150 N	
		每侧抽检三道滑动门进行障碍物防夹功能测试(每年第 2、4 季度)	至少 5 mm 厚的障碍物,3 次关门失败后常开	
	检修	含季度保养所有项目	同季度保养所有标准	每年
		检查滑动门门体是否紧固,有无弯曲、变形等现象	门体牢固可靠,无弯曲、变形等现象	
		检查下支撑机构、上支撑机构(含上部钢结构)的状况是否良好	下支撑结构、上支撑结构(含上部钢结构)无松动、明显变形,支撑牢固	
		检查及清洁下支架	下支架清洁,绝缘件完好,螺丝无锈蚀、松动,支架无倾斜状况	
		底座螺栓做防松标记	防松标记清晰,划线整齐无断点	
		检查并确认门体所有固定螺丝及其他属附部件,视情况对状态不良的部件进行更换	门体所有固定螺丝及其他属附部件状态良好	
		对设备及附属部件进行全面除锈,并视具体情况进行补漆或涂油	设备及附属部件无锈蚀	

注:后两节滑动门前期只进行月度保养和年度检修。

3.5.2　应急门(EED)、端门(MSD)的运行与维护

应急门、端门的维修采用"状态修"与"计划修"相结合的方式,其维修周期、工作内容及维修标准见表 3.23。

表 3.23　应急门、端门维修周期、工作内容及维修标准

设备名称	修程	工 作 内 容	标　　准	周期
应急门、端门	巡检	检查门体玻璃状态是否良好	门体玻璃外观完整,无裂纹和划痕及其他异常现象	每日
		检查瞭望灯带状态是否正常	瞭望灯带正常发亮,无闪、无断点现象	
		检查门状态指示灯功能及外观状态是否正常	门状态指示灯显示正常,罩壳安装牢固,无松动迹象	
		检查应急门关闭状态是否正常	应急门关闭且锁紧	

续上表

设备名称	修程	工 作 内 容	标 准	周期
应急门、端门	保养	测试端门的指示灯状态是否正确	端门的指示灯要能正确反映门的状态	每月
		检查端门的开闭状态是否正常	端门打开至90°可自锁	
		检查端门关闭锁紧状态是否正常	端门限位开关(接近开关)动作反馈正常,门体锁紧机构卡紧	
		检查端门手动解锁装置功能是否正常	端门手动解锁装置能正常开关门,动作灵活,锁紧到位,无关门虚锁的现象	
		检查端门前盖板、盖板锁状态是否正常	端门盖板清洁无污迹,盖板锁完好,与顶箱间隙紧密	
		检查端门玻璃、密封胶状态是否良好	端门玻璃外观完好,紧密固定,密封胶状态良好	
		检查端门推杆、锁具是否紧固	端门推杆、锁具安装紧固,无松动现象	
		检查应急门、端门接近开关状态是否正常	目测应急门、端门锁芯与接近开关距离长度≤2 mm	
		含月度保养所有项目	同月度保养所有标准	每季
		测试应急门的指示灯状态是否正确	应急门的指示灯要能正确反映门的状态	
		检查应急门的开闭状态是否正常	应急门可完全打开	
		检查应急门关闭锁紧情态是否正常	应急门限位开关(接近开关)动作反馈正常,门体锁紧机构卡紧	
		检查应急门手动解锁装置功能是否正常	应急门手动解锁装置能正常开关门,动作灵活,锁紧到位,无关门虚锁的现象	
		检查应急门前盖板、盖板锁状态是否正常	应急门盖板清洁无污迹,盖板锁完好,与顶箱间隙紧密	
		检查应急门玻璃、密封胶状态是否良好	应急门玻璃外观完好,紧密固定,密封胶状态良好	
		检查端门闭锁器状态和功能是否正常	端门闭锁器内部螺丝无生锈,闭锁正常	
		检查端门继电器功能及状态是否正常	端门继电器功能正常,接线端子处于无锈蚀及其他不良情况	
		清洁应急门、端门的地坎	应急门、端门的地坎应无污渍、异物、垃圾等	
	检修	含季度保养所有项目	同季度保养所有标准	每年
		检查应急门、端门门体结构是否正常	应急门、端门门体结构无倾斜、变形及其他不良情况	
		检查并确认门体所有固定螺丝及其他属附部件,视情况对状态不良的部件进行更换	门体所有固定螺丝及其他属附部件状态良好	
		对设备及附属部件进行全面除锈,并视具体情况进行补漆或涂油	设备及附属部件无锈蚀	

3.5.3 站台门就地控制盘(PSL)的运行与维护

站台门就地控制盘的维修采用"状态修"与"计划修"相结合的方式,其维修周期、工作内容及维修标准见表3.24。

表 3.24 站台门就地控制盘维修周期、工作内容及维修标准

设备名称	修程	工 作 内 容	标 准	周期
站台门就地控制盘	巡检	查看 PSL 关闭且锁紧指示状态是否正常	PSL 关闭且锁紧指示状态正常	每日
	保养	检查 PSL 各指示灯状态	PSL 指示灯显示正常	每月
		测试各钥匙开关、按钮的功能	各钥匙开关、按钮能正常控制站台门,功能执行正常	
		测试 PSL 试灯性能	操作 PSL"试灯"按钮,PSL 上指示灯全部点亮,蜂鸣器会发出"滴滴滴"的报警声	
		测试 PSL 开关门性能	将 PSL 上"就地控制开关"打至"就地"位,PSL 上"就地控制"指示灯正常亮起; 将"互锁解除操作开关"拨至"旁路","互锁解除"指示灯正常亮起; 按下"四节编组开门"按钮,对应的滑动门在 2.5～3.5 s 内全部打开; 按下"六节编组开门"按钮,对应的滑动门在 2.5～3.5 s 内全部打开; 按下"关门"按钮,滑动门在 3.2～4.0 s 内全部关闭,"门关闭且锁紧"指示灯正常亮起	
		测试安全防护装置转换开关性能	将 PSL 上"安全防护装置旁路开关"拨到"旁路","安全防护装置旁路"指示灯正常亮起	
		含月度保养所有项目	同月度保养所有标准	每季
		清洁 PSL 外观	PSL 擦拭前,应先断电,再用干燥的吸油擦拭布将就地控制装置面板表面擦拭干净	
		检查指示灯、开关等设备功能是否正常,设备及配件安装(或接插)是否牢固,接线是否可靠	指示灯、开关等设备功能正常,设备及配件安装(或接插)牢固,接线可靠	
		检查所有电气、信号接线的连接部位是否紧固、可靠	电气、信号接线连接紧固、无虚接、松动现象	
		清扫设备、线缆及元器件上的积尘,擦拭,清理柜体内外的灰尘、异物、污渍等	设备、线缆及元器件上无积尘,柜体内外清洁、无异物、污渍等	
		检查设备及附属部件是否存在松动、锈蚀的情况	设备及附属部件安装牢固,无松动、锈蚀情况	
	检修	含季度保养所有项目	同季度保养所有标准	每年
		检查并确认设备所有固定螺丝及其他属附部件,视情况对状态不良的部件进行更换	设备所有固定螺丝及其他属附部件状态良好	
		检查并确认设备所有固定螺丝及其他属附部件,视情况对状态不良的部件进行更换	设备所有固定螺丝及其他属附部件状态良好	

3.5.4　激光防护装置的运行与维护

激光防护装置（含控制柜）的维修采用"状态修"与"计划修"相结合的方式，其维修周期、工作内容及维修标准见表 3.25。

表 3.25　激光防护装置维修周期、工作内容及维修标准

设备名称	修程	工 作 内 容	标　准	周期
激光防护装置	巡检	在控制柜上查看设备运行状态是否正常	控制柜上显示设备运行状态正常，无故障告警现象	每日
		查看指示灯、仪表等设备状态显示是否正常；指示灯、开关、电缆等设备标识是否齐全	指示灯、仪表等设备状态显示正常；指示灯、开关、电缆等设备标识齐全	
		检查设备及线缆状态是否正常，防火封堵是否良好	设备及线缆无损坏、发热、烧焦、异音、异味等现象，防火封堵良好	
		检查柜体锁具是否完好	柜体锁具完好，能正常锁闭	
		查看线缆槽是否完整、牢靠	线缆槽完整、无盖板缺失	
		检查设备周边是否有杂物，设备表面是否存在明显积尘，设备房内卫生状态是否良好	设备周边无杂物，设备表面无明显积尘，设备房内干净整洁	
	保养	检查激光发射端发射器功能是否正常	激光发射端发射器能正常发射激光	每月
		校准激光防护装置	使用激光探测仪校准激光，无偏光现象；激光接收端指示灯均正常点亮且指示准确（激光准确接收仅绿色指示灯点亮，激光接收偏差绿色和黄色指示灯均点亮，激光完全偏移仅黄色指示灯点亮）	
		测试激光防护装置报警功能	用物体遮挡激光双模，关门后会报警，移开物体后恢复正常	
		含月度保养所有项目	同月度保养所有标准	每季
		检查激光发射端发射器棱镜和面罩有无破损、缺失等情况，激光防护镜片表面是否清洁	激光发射端发射器棱镜和面罩无破损、缺失等情况，激光防护镜片表面干净、无污渍	
		检查指示灯、开关等设备功能是否正常，标识是否清晰、齐全、正确	指示灯、开关、按钮等设备功能正常，标识清晰、齐全、正确	
		检查线缆绑扎是否整齐，设备及配件安装（或接插）是否牢固，防火封堵是否良好	线缆绑扎整齐、美观，设备及配件安装（或接插）牢固，防火封堵良好	
		检查所有电气、信号接线的连接部位是否紧固、可靠	电气、信号接线连接紧固、无虚接、松动现象	
		检查接地连接线是否可靠	接地连接线牢靠可靠（导通测试）	
		清扫设备、线缆及元器件上的积尘，擦拭、清理柜体内外的灰尘、异物、污渍等	设备、线缆及元器件上无积尘，柜体内外清洁、无异物、污渍等	

续上表

设备名称	修程	工 作 内 容	标　　准	周期
激光防护装置	保养	检查设备及附属部件是否存在松动、锈蚀的情况	设备及附属部件安装牢固，无松动、锈蚀情况	每季
	检修	含季度保养所有项目	同季度保养所有标准	每年
		检查并确认设备所有固定螺丝及其他附属部件，视情况对状态不良的部件进行更换	设备所有固定螺丝及其他属附部件状态良好	
		对设备及附属部件进行全面除锈，并视具体情况进行补漆或涂油	设备及附属部件无锈蚀	

3.5.5　PSC 柜的运行与维护

PSC 柜的维修采用"状态修"与"计划修"相结合的方式，其维修周期、工作内容及维修标准见表 3.26。

表 3.26　PSC 柜维修周期、工作内容及维修标准

设备名称	修程	工 作 内 容	标　　准	周期
PSC 柜	巡检	在 MMS 系统上查看设备运行状态是否正常	MMS 系统上显示设备运行状态正常，无故障告警现象	每日
		查看指示灯、仪表等设备状态显示是否正常；指示灯、开关、电缆等设备标识是否齐全	指示灯、仪表等设备状态显示正常；指示灯、开关、电缆等设备标识齐全	
		检查 PSC 柜 PEDC 继电器工作状态是否正常	PSC 柜各 PEDC 继电器工作时，继电器指示灯均正常点亮且功能正常	
		确认 PSC 柜与 ISCS 通信连接是否正常	软件显示通信正常、车控室 ISCS 显示与工控机软件相对应	
		检查 PSC 柜 CAN 盒和交换机状态和功能是否正常	CAN 盒指示灯正常点亮，功能正常；交换机指示灯正常点亮，功能正常	
		检查时钟信息是否正确	时钟信息正确，与母钟时间一致	
		检查设备及线缆状态是否正常，防火封堵是否良好	设备及线缆无损坏、发热、烧焦、异音、异味等现象，防火封堵良好	
		检查柜体锁具是否完好	柜体锁具完好，能正常锁闭	
		查看线缆槽是否完整、牢靠	线缆槽完整、无盖板缺失	
		检查设备周边是否有杂物，设备表面是否存在明显积尘，设备房内卫生状态是否良好	设备周边无杂物，设备表面无明显积尘，设备房内干净整洁	
	保养	检查指示灯、开关等设备功能是否正常，标识是否清晰、齐全、正确	指示灯、开关、按钮等设备功能正常，标识清晰、齐全、正确	每月
		检查线缆绑扎是否整齐，设备及配件安装（或接插）是否牢固，防火封堵是否良好	线缆绑扎整齐、美观，设备及配件安装（或接插）牢固，防火封堵良好	

续上表

设备名称	修程	工 作 内 容	标 准	周期
PSC 柜	保养	检查所有电气、信号接线的连接部位是否紧固、可靠	电气、信号接线连接紧固、无虚接、松动现象	每月
		检查接地连接线是否可靠	接地连接线牢靠可靠(导通测试)	
		清扫设备、线缆及元器件上的积尘,擦拭、清理柜体内外的灰尘、异物、污渍等	设备、线缆及元器件上无积尘,柜体内外清洁、无异物、污渍等	
		检查设备及附属部件是否存在松动、锈蚀的情况	设备及附属部件安装牢固,无松动、锈蚀情况	
		检查 WAGO 设备工作情况	WAGO 电源正常点亮,电线无虚接情况,工控机数据采集正常	
		测量上下行安全回路电压及反馈信号线路电压是否正常	上下行安全回路电压及反馈信号线路电压正常	
		测试 PSC 柜面板指示灯和开关性能	PSC 柜面板各指示灯均正常点亮,面板各开关均正常切换	
		检查工控机软件工作状况和设备运行记录是否正常	工控机软件显示状况和设备运行状况相对应、无延迟;运行记录信息准确、无缺失	
		复制运行日志	将站台门系统的运行日志进行拷贝并储存	
		重启工控机	重启后站台门监控软件工作正常	
		在 IBP 盘操作测试四节开门、关门功能	IBP 盘操作四节开门、关门正常	
		在 IBP 盘操作测试六节开门、关门功能	IBP 盘操作六节开门、关门正常	
	检修	含保养所有项目	同保养所有标准	每年
		对设备及附属部件进行全面除锈,并视具体情况进行补漆或涂油	设备及附属部件无锈蚀	

3.5.6 站台门电源柜的运行与维护

站台门电源柜的维修采用"状态修"与"计划修"相结合的方式,其维修周期、工作内容及维修标准见表 3.27。

表 3.27 站台门电源柜维修周期、工作内容及维修标准

设备名称	修程	工 作 内 容	标 准	周期
站台门电源柜	巡检	在 PM4S 系统上查看设备运行状态是否正常	PM4S 系统上显示设备运行状态正常,无故障告警现象	每日
		查看指示灯、仪表等设备状态显示是否正常;指示灯、开关、电缆等设备标识是否齐全	指示灯、仪表等设备状态显示正常;指示灯、开关、电缆等设备标识齐全	

续上表

设备名称	修程	工 作 内 容	标 准	周期
站台门电源柜	巡检	检查设备及线缆状态是否正常,防火封堵是否良好	设备及线缆无损坏、发热、烧焦、异音、异味等现象,防火封堵良好	每日
		检查蓄电池组是否存在漏液、膨胀或氧化等不良现象	蓄电池组无漏液、膨胀、氧化等现象	
		检查柜体锁具是否完好	柜体锁具完好,能正常锁闭	
		查看线缆槽是否完整、牢靠	线缆槽完整、无盖板缺失	
		检查设备周边是否有杂物,设备表面是否存在明显积尘,设备房内卫生状态是否良好	设备周边无杂物,设备表面无明显积尘,设备房内干净整洁	
	保养	检查指示灯、开关等设备功能是否正常,标识是否清晰、齐全、正确	指示灯、开关、按钮等设备功能正常,标识清晰、齐全、正确	每季
		检查线缆绑扎是否整齐,设备及配件安装(或接插)是否牢固,防火封堵是否良好	线缆绑扎整齐、美观,设备及配件安装(或接插)牢固,防火封堵良好	
		检查所有电气、信号接线的连接部位是否紧固、可靠	电气、信号接线连接紧固、无虚接、松动现象	
		检查接地连接线是否可靠	接地连接线牢靠可靠(导通测试)	
		清扫设备、线缆及元器件上的积尘,擦拭、清理柜体内外的灰尘、异物、污渍等	设备、线缆及元器件上无积尘,柜体内外清洁、无异物、污渍等	
		检查设备及附属部件是否存在松动、锈蚀的情况	设备及附属部件安装牢固,无松动、锈蚀情况	
		检查蓄电池外观形状有无变形、鼓裂,有无漏液或结晶现象,有无发热等异常现象;接线端子有无白色盐霜等不良现象	蓄电池外观形状无变形、鼓裂,无漏液或结晶现象,无发热等异常现象;接线端子无白色盐霜等不良现象	
		对蓄电池进行单体电压测试,并做记录	蓄电池单体正常电压参考范围12.63～13.97 V	
		对蓄电池进行带负载运行(每年第2、4季度)	蓄电池带负载运行正常(每年第2、4季度)	
	检修	含保养所有项目	同保养所有标准	每年
		对蓄电池进行内阻测试,并做记录	蓄电池内阻阻值符合厂方规定	
		对设备及附属部件进行全面除锈,并视具体情况进行补漆或涂油	设备及附属部件无锈蚀	

3.5.7　综合后备盘、固定门及其他附属设备设施的运行与维护

综合后备盘、固定门及其他附属设备设施的维修采用"状态修"的方式,其维修周期、工作内容及维修标准见表 3.28。

125

表 3.28　站台门电源柜维修周期、工作内容及维修标准

设备名称	修程	工作内容	标准	周期
综合后备盘、固定门及其他附属设备设施	巡检	检查 IBP 面板上站台门指示灯是否正常	IBP 面板上站台门指示灯指示正常	每月
		检查 IBP 盘站台门操作接线端子是否存在松动迹象	IBP 盘站台门操作接线端子无松动	
		检查 IBP 盘站台门转换开关、按钮是否存在松动迹象	IBP 盘站台门转换开关、按钮无松动	
		检查固定门状态是否良好	固定门外观完整，玻璃无裂纹和划痕，门体无倾斜、变形等其他异常情况	
		检查站台门系统设备是否存在外界运行风险，如地基下沉导致的门体整体倾斜、移位等现象	站台门系统设备不存在外界运行风险	
		检查站台门系统设备附属的线缆、线管、支架、卡箍、盖板等设备设施是否存在松脱、变形、损坏或明显锈蚀等不良情况	站台门系统设备附属的线缆、线管、支架、卡箍、盖板等设备设施无松脱、变形、损坏或明显锈蚀等不良情况	

第4章 城市轨道交通机电系统安全操作与故障处理

4.1 低压配电系统安全操作与故障

4.1.1 线路故障

电缆、电线是对设备进行供电的路径。因此线路故障对设备的影响是比较直接的。线路故障多分为短路、断路以及漏电故障。短路：L线与N线直接导通未经过用电设备，会形成一个极大的短路电流，当大电流经过导线时会产生热量，时间过长会有起火的风险。因此在配电箱里都是用空气开关和熔断器来切断大电流保护电路。断路：L线或者N线的某一处出现了断线，就会导致线路形不成环路，电流无法通过，设备无法运行。漏电：L线、N线的某一处导线破皮导致部分接地，一部分电流接地流失，会造成L的输出与N的流回的电流出现大幅度的偏差，设备如果在这种情况下久时间运行会损坏设备。

短路的检测方法：使用万用表的蜂鸣档对两条线进行测量，如果蜂鸣器响说明电路短路。

断路的检测方法：使用万用表的蜂鸣档对一条线路的两头进行测量，如果蜂鸣器不响说明线路断线了。

漏电的检测方法：使用数字绝缘表对两条线进行打压，通过数值来判断是否破皮漏电。绝缘阻值越大越好。

例如，机场站故障设备及现象：站台B端垂梯的动力控制箱脱扣，对应的综合变电所抽屉柜也脱扣跳闸。

检测方法：对控制箱及垂梯进行检查，排除控制箱与垂梯自身的故障问题。对送电电缆进行绝缘测量，用数字绝缘万用表对三相、零线、地线分别进行测量，来判断出故障线路。

处理方法：对损坏的线路进行连续查看，找出损坏的点对线路进行重新补修。

例：灵昆站故障设备及现象：灵昆站车控室插座跳闸。

检测方法：将插座上的所有用电设备全部摘除，用绝缘表对火地零分别进行检测绝缘值，若发现线路绝缘值不够时，从回路的中间部分分开，对两边分别进行检测，以此来缩小故障范围。

处理方法：找到故障的线路或者故障的插座，进行更换。

4.1.2 控制元器件故障

控制箱内的控制元器件故障也会导致设备无法正常运行或者部分运行。比如空气开关故障、中间继电器故障、交流接触器故障等。

空气开关故障：控制箱的空气开关会频繁跳闸，经过测量线路以及下边的设备绝缘什么的都正常开关还是频繁跳闸，可能就是空气开关故障。例：机场站饮水机控制电源箱频繁跳闸，经过查看设备绝缘阻值正常，试推也能成功，过段时间会再次跳闸。最后将控制箱的空气开关换了一个一样型号一样大小的开关，设备再没有跳过闸。

中间继电器故障：中间继电器是控制箱内的控制元器件，经过中间继电器来传送信号，以小电流控制大电流来实现远程自动控制。故障后，可能不会完全影响设备的运行，但会丢失某一部分的控制，如：无法远程启动、水泵无法自动启动等，但又不影响设备手动控制。处理方式：用万用表对继电器的线圈以及触头的通断查看是否正常，不正常的进行更换，故障原因多以继电器触头锈蚀导致。例：灵昆主所风机无法启动，手动按启动按钮风机无法启动，经检查发现，中间继电器触头生锈严重，导致触头无法动作，更换接触器后设备恢复正常。

交流接触器故障：交流接触器是主回路控制设备的设备，交流接触器可以通过较大电流。交流接触器的故障一般是异响，以及触头无法正常工作。异响是因为内部的衔铁没有紧密的贴合到一起才会出现异响，可能是内部有异物或者是内部衔铁平面上被氧化物覆盖导致异响。处理方法：将交流接触器拆开用鼓风机吹一下内部将异物吹出，若还有异响，用砂纸对两个衔铁面进行轻度打磨，异响会消除。

触头无法正常工作故障：触头无法正常工作是因为没有动力或者是触头焊死。没有动力说明是接触器的线圈故障，触头焊死是因为有超大电流流过导致触头因热融化焊到一起，需要更换交流接触器。

其他元器件故障如：指示灯不亮、按钮开关故障、熔断器故障等，需进行更换，这也是最简单的故障显示。

例：2号工作井故障设备及故障现象：2号工作井排风机无法实现模式控制，但现场手动可以控制。

可能产生的误判：在现场可以手动启动远程无法启动，会让人误判为远程信号没有下发过来。

处理方法：经过机电人员现场人员对控制箱进行排查，对下发信号进行测量，控制箱是有接收到远程的命令下发，在对控制箱内部元器件进行排查，发现控制箱内有个DC24的中间继电器故障,导致远程的启动信号下发后,中间继电器无法吸合,风机无法启动。经过更换中间继电器设备恢复正常。

4.1.3　用电设备故障

大多数故障是因为下方用电设备故障导致回路跳闸比如:灯、水泵。

用电设备故障常见的故障是用电设备内部元器件损坏,多为消耗性用电设备,还有一部分是设备漏电导致,因此用电设备的绝缘性必须达到正常状态。在机电故障过程中,可以试送电一次,根据送电后的状态能更好地来判断故障原因,在试送电时,要先确定下端设备没有短路情况,无作业人员。

例如,机场站故障设备及故障现象:设备区的照明灯具,开一个故障灯就会导致回路跳闸。

可能产生的误判:照明灯具都是并联接法,一个灯的故障不会影响到别的照明灯具。

故障的原因:因为日光灯管被电流击穿导致灯具故障,虽说灯具是并联的,但灯管已经被击穿相当于一根有点阻值的导线,在打下翘板开关送电时,形成短路控制箱内空气开关跳闸。

检测的方法:将该回路的所有灯具翘板开关断掉,推回空开送电。再一个一个对灯具进行翘板开关送电,直到哪个翘板开关打开后回路跳闸,则说明该灯具故障。

处理方法:将坏掉的灯管或者灯底座进行更换。

例如,瓯江口站故障设备及故障现象:潜污泵一送电运行,就会跳至变配电抽屉。

故障原因:将水泵拉上来后用绝缘表测量到阻值不够将水泵拆开,发现内部有水。

处理方法:水泵拆开,将内部的水排出,放置一段时间将水分晾干,对泵体进行绝缘测量,绝缘达到标准(相对地之间的绝缘达到550 m),再将水泵安装回去,用防水胶将接口处进行封堵。

4.1.4　EPS 故障

(1)一般故障处理故障灯亮,应急电源不工作。可以按复位键,看能否恢复正常工作。如果恢复工作后,很快又报故障,应检查负荷是否超载或短路,排除故障后再试。如果按复位键后仍不能恢复工作,请通知厂家维修。

(2)部分蓄电池老化。在检查中如果发现某块电池电压不正常,应及时更换故障电池或将故障电池取下单独充电后再接入电路中,看能否恢复正常。

(3)电池巡检表声报警。可以按下消音键,观察巡检表每一块电池的电压值,如果发现某一块或几块电池电压异常,可按第(2)条的办法处理。

(4)某个或某几个负荷开关无法送电,应在市电供电状态下检测该回路电流,由市电供电看是否还跳闸,判断是否短路或超载。如果超载或短路,应排除异常后再送电。如果是空开损坏,应选用相同的品牌和规格的空开更换。

(5)有市电时 EPS 输出正常,而无市电时蜂鸣器长鸣,无输出。从现象判断为蓄电池和逆变器部分故障。故障分析:检查蓄电池电压,看蓄电池是否充电不足,检查蓄电池本身故障还是充电电路故障;若蓄电池工作电压正常,检查逆变器驱动电路工作是否正常,若驱动电路输出正常,说明逆变器损坏。

(6)若逆变器驱动电路工作不正常,则检查波形产生电路有无控制信号输出。蓄电池电压偏低,但开机充电十多小时,蓄电池电压仍充不上去。故障分析:从现象判断为蓄电池或充电电路故障,可按以下程序检查:检查充电电路输入/输出电压是否正常,若不正常,则检查充电机/整流器是否正常;若充电电路输入正常,输出不正常,断开蓄电池再测,若仍不正常则为充电电路故障;若断开蓄电池后充电电路输入/输出均正常,则说明蓄电池已因长期未充电、过放电或已到寿命期等原因而损坏。

(7)EPS 开机后,面板上无任何显示。故障分析:从故障现象判断,其故障在市电输入、蓄电池电压输入。①检查市电输入熔丝是否烧毁;检查蓄电池熔断器是否烧毁;②各个开关电源 24 V 故障,电源接口 24 V 是否松动;在市电供电正常时开启 EPS,逆变器工作指示灯亮,蜂鸣器发出间断叫声,EPS 只能工作在逆变状态,不能转换到市电工作状态。

(8)EPS 只能由市电供电而不能转为逆变供电。故障分析:不能进行市电向逆变供电转换,说明市电向逆变供电转换部分出现了故障,要重点检测蓄电池电压是否过低;若蓄电池部分正常,检查蓄电池电压检测电路是否正常;若蓄电池电压检测电路正常,再检查市电向逆变供电转换控制是否正常。

4.1.5 双电源切换箱故障

双电源切换箱故障检查处置措施:

(1)看、嗅双电源切换箱是否有烟及烧焦的异味。

(2)查看双电源控制器跳闸信息,检查双电源是否有烧弧现象。

(3)查看双电源切换箱开关所带的馈线开关是否跳闸。

(4)查看双电源切换箱对应的 400 V 开关是否有动作。

(5)查看双电源切换箱对应的箱内进线开关是否有动作。

(6)正常情况下,双电源切换箱由双回路进线电源同时供电。当其中一路主电源失电时,双电源开关自动切换,双电源切换箱由备用电源供电。当主电源恢复供电时,双电源自动切换到主电源供电,原备用回路处于备用状态,双电源切换箱自动恢复由主电源供电。当主电源进线失电,备用电源不能自动投入时,抢修人员应把双电源切换开关手动切换到备用交流电源投入,确保双电源切换箱由另一路继续供电,如不能投入,则要继续检查双电源切换箱内部和负载是否故障,此时需要特别检查双电源开关是否故障,同时联系变配电专业人员协同查找主回路进线失压故障原因或进线电源电压异常原因。

4.1.6　环控电控柜故障

环控柜故障检查处置措施:

(1)看、嗅环控柜是否有烟及烧焦的异味。

(2)查看主开关保护跳闸信息,检查其进线断路器是否有烧弧现象。

(3)检查主开关所带的馈线开关是否跳闸。

(4)确认主开关对应的 400 V 柜的断路器是否跳闸或过流保护是否启动。

(5)控制柜能正常运作无故障报警但指示灯不亮时,抢修人员应检查指示灯是否烧坏并根据需求更换新的指示灯,若指示灯接线线路虚接需要对其线路进行紧固。

(6)转换开关切换功能失效,环控模式下不能进行开阀、关阀等动作时,抢修人员应检查转换开关元器件是否损坏,线路是否虚接。若元器件损坏,需将抽屉柜断电处理后拉出抽屉柜,对损坏的元器件进行更换处理,若是线路虚接,应对其进行紧固。

(7)现场电源开关启动后指示灯无显示(正常开启时所有指示灯瞬间会亮一下),操作开阀关阀无反应时,抢修人员应用万用表对其进线电源端子的电压进行检测,测量线路是否正常,若不能保证通断,则需检查保险丝是否故障,如保险丝熔断,则需更换新的保险丝。

(8)执行开、关阀模式时指示灯不亮、阀门未动作,检测执行器进线无电压信号传达时,抢修人员应检查抽屉柜内中间继电器触点、线圈是否烧坏,并更换新的继电器。如柜内抽屉柜元器件正常,则需检查线路是否虚接引起断路,用万用表蜂鸣档测量线路导通情况,并视情况重新接线。

抽屉柜内电路均无故障,插入抽屉时无电源指示,操作按钮时均无反应时,抢修人员应将抽屉柜断电后退出工作,拔出抽屉柜检查后端卡槽端子,用除锈剂和砂纸对卡槽端子进行打磨至铜黄色,或更换新的卡槽端子。

4.2　通风空调系统安全操作与故障

4.2.1　冷水机组系统的安全操作与故障处理

1. 冷水机组操作规程(螺杆式冷水机组)

(1)开机前的准备

①通电前检查电源回路是否正确。

②电源回路的绝缘电阻：接通电源前必须确认，三相交流 380 V 时应不小于 1 MΩ。

③电源应正确连接：确认没有逆相、缺相连接，确认电源线连接部位没有错位。

④机组外壳应接地：根据机组的机外配线要求，确认是否已经正确接地。

⑤控制柜内部应清扫干净：安装施工、电源施工时遗留的配线头、粉尘等在通电前清除。

（2）通电前确认配线连接

①泵的连锁回路应正确连接：确认泵的连锁信号。

②接点位置应正确：确认无电压回路未被接到有电压回路上，再次确认接点容量没有问题。

③配线的连接应无误：确认配线无烧焦、破损情况，没有交差连接、漏接等。

④端子连接部位没有松动：确认端子连接部位无倾斜，无松动。

（3）开始通电时的确认

①电源应符合要求：确认电压在铭牌电源参数的±10%以内；确认电频率在 50±1 Hz 以内；相电压不平衡率在额定电压的±2%以内。

②在运转开始前 24 h 前接入电源：为了保证压缩机开始启动时的平稳运转，在运转开始前 4 h 以上，电柜上电，以向油加热器通电，保证油温达到 40 ℃以上，或大于环境温度 15 ℃。

（4）空调水系统的确认

①泵中应充满水：打开供水阀门，在水系统中注满水。同时排尽系统内的空气。排气时缓慢操作冷凝器和蒸发器上部的排空阀，当有水溢出时即关闭阀门。排气不充分时运行，会引起性能的降低。

②水侧承压应在指定值以下：确认冷冻水和冷却水的水侧承压。标准机型的冷冻水、冷却水的最高使用水压为 1.0 MPa。除上述水压，泵启动时的水压也需要确认。如果超过机组允许的最高使用水压，会造成机组的损伤。标准机型的冷冻水、冷却水的最高使用水压为 1.0 MPa。

③检查有无漏水：确认法兰、套管及接头部位没有漏水。

④检查是否混入空气：当通水时有声音、设备安装时压力计有变化、泵的运转电流不稳定等情况出现时，可能是水系统内部混入了空气。这些情况发生时，再次排出系统内的空气。如果混入空气，不仅会导致机组性能降低，而且会使水的腐蚀性增大，可能会造成冷凝器、蒸发器内部换热管道的损伤。

（5）流量的调整是否已经结束

根据设备流量计或泵特性图来调整适当的流量。如果流量太低，会使机组性能降低。

同时换热管内的异物、附着的水垢,会造成腐蚀损伤。如果流量过大,会造成腐蚀。

(6)机组本体的确认

机组因为运行和维修的需要,设计有截止阀,机组开机前确认各截止阀的开关状态。

(7)开关机及运行巡视检查

①手动开关机

冷水机组跟冷冻水泵、冷却水泵、冷却塔为联锁控制,冷水机组不控阀,手动开机前应先将系统管路上的阀门打开,手动关机后从保护机组的角度考虑,冷水机组停机后,冷冻水泵再运行 3~5 min 后停机;就节能方面考虑,冷冻水泵的运行时间视外面负荷情况具体确定。待冷冻水泵停机后关闭相应管路上的阀门。

设备开启顺序:启动指令→机组自诊断→冷却水泵启动→冷却塔启动→冷冻水泵启动→主机启动。(因 S1 线增加了群控柜进行控制,可以通过群控柜在现场进行手动启动)

设备停止顺序:停机指令→主机停止→冷冻水泵停止→冷却塔停止→冷却水泵停止。

②远控开关机

对于冷水机组,先将机组控制柜开关设置到"远程"控制位。

设备开启顺序:在设备综合监控界面点动开启后,首先主控给信号开启冷水机组上的冷却、冷冻电动蝶阀→待收到电动蝶阀开到位信号后,给冷水机组开机信号→冷水机组收到开机信号后 60 s 内先后开启冷却水泵、冷却塔、冷冻水泵。

设备关闭顺序:在设备综合监控界面点动关闭后,关机顺序为:冷水机组→冷冻水泵→冷却塔→冷却水泵(维持打开约 3 min 后关闭),主控在给出关闭主机信号约 5 min 后关掉冷水机组上的冷冻、冷却电动蝶阀。

(8)冷水机组长时间停止时的注意事项

如果机组需长时间停机,需做好以下工作:

为了省电和安全,长期停止时断开电源;将换热器中的水排放干净,防止长期的水流加快机组换热器的腐蚀,同时防止当环境温度低于水的冰点导致机组换热管的损坏;排水后,为了防止冷水机组内部的腐蚀,充分对冷水机组内部进行清扫。另外,如果使用防冻液,选择不会对铁,铜及氯丁橡胶造成影响的液体。

(9)冷水机组长期停止后再运转之前应确认的事项

开始前需进行绝缘电阻测试(用三相交流 380 V 时应不小于 1 MΩ)。要将机组通电 4 h 以上,确保油温达到 40 ℃以上,或大于环境温度 15 ℃再开机。

(10)机组控制 3 种模式

①"现场"模式:在机组现场控制机组运行的模式。

②"维修"模式:在机组现场当机组需要检查而人为控制运行状态时所选取的运行模式。

③"远程"模式:可以远距离控制机组运行状态的运行模式。

(11)冷水机组开机后巡视检查

上电后,控制屏将进入起始画面,起始画面提供快捷按钮,通过以上按钮可进入相关页面。

2. 水泵的操作规程

(1)启泵前的检查

①认真检查水泵是否完好,水泵各部分是否有损伤或变形。

②检查水泵绝缘情况是否良好,接地是否良好。

③电源是否正常,环控室、就地控制箱、变频柜等指示灯是否指示正确。

④检查各种控制阀门是否动作灵活,开关是否到位,并应处于正确的位置。

特别注意:在启动水泵前,要认真检查水泵的手动或电动蝶阀,确认阀门都处于相应的状态,否则,将会引起水泵压力过高,损坏水泵泵体或电机。

(2)运行后巡视检查

①水泵电流是否在正常范围内。

②进、出水压、压差是否在正常范围内,压力波动幅度是否过大。

③水泵是否发出异响,是否有漏油、漏水现象。

④检查水泵就地控制箱各指示灯是否指示正常。

⑤检查水泵振动是否有异常,是否存在不规则振动。

⑥检查电机温度是否过高。

3. 冷却塔操作规程

(1)开机前的检查

①检查进出水蝶阀及冷却水泵是否已开启,水塔水位是否正常。

②用手拨动风扇叶片,看叶片是否平衡、有无松动。

③用手按压风扇皮带,检查皮带松紧是否适度,有无破损。

④检查布水槽有无积垢堵塞,布水是否均匀。

⑤检查支架及电机等是否紧固。

特别注意:开机前一定要确认进出水电动蝶阀均已打开,冷却塔进水口处自动进水管道的阀门已打至常开位,否则会导致系统管路吸入空气,以至影响系统运行,并对冷却水泵、冷水机组等设备造成损害。必须在冷却水泵运行后才开启冷却塔风扇,否则会使风扇启动电流加大,对电机造成损害。

(2)运行后巡视检查

①风扇电流是否稳定在正常范围之内。

②冷却水进出水温差是否在正常范围内。

③多台拼装时,配合调节各进水阀门,使各喷头喷洒均匀,各出水阀门配合调节至各塔水室的水位为同一水平面。

④检查风机运行时与风筒无撞击现象,风应向上吹出,不许出现逆向吹风。

⑤检查电机应无过热或噪音过大和转向相反现象。

⑥检查电机电流、电压不可超过电机铭牌示值。

⑦监视故障灯闪亮时,应及时停机排除故障。

⑧打开维修门,检查水量水位位置:停机为 60%～70%,运行时为 20%～40%界面。

4. 水阀操作规程

(1)手动水阀的操作方法

旋转手轮可使阀门打开或关闭,顺时针方向旋转手轮,开度指针随着往"关"的方向移动开度变小,当指针指向"关"时,反时针方向旋转手轮,开度指针随之往"开"的方向移动,开度变大。当指针指向"开"时,水阀被打开,且开度最大。注意:当水阀全开或全关时,手轮旋到位后,不要用力过大,以免损坏转动机构。

(2)电动水阀的操作方法

接通电源,按下环控电控室中或就地控制箱相应的起动柜的"关"按钮,电动装置工作,当阀门达到"全关"位置时,行程控制机构能准确地切断电机电源,同时控制室中指示"全关"位置的指示灯亮,控制室中的开度表和现场开度指针均指示"0"。启动时点击控制箱上的水泵"启动"按钮,指示灯亮,水泵启动。

按下控制室中"开"按钮,电动装置工作,当阀门达到"全开"位置时,行程控制机构能准确地切断电机电源,同时控制室中指示"全开"位置的指示灯亮,控制室中的开度表和现场开度指针均指示"100"。

注意保持电动水阀执行器干燥,不受外力冲击。

5. 冷水机组故障处理

冷水机组故障处理具体见表 4.1。

表 4.1　冷水机组故障处理

部件	问题和故障	原因分析	处理方法
制冷剂	制冷剂不足	制冷剂泄漏	检漏、堵漏、加足制冷剂
冷凝器	冷凝温度偏高/低压保护	冷却水量偏小	查看冷却水泵是否故障或者阀门开启够不够
		进水温度偏高	查看冷却塔是否故障或冷却能力够不够
		冷凝器换热不良	消除冷凝器中的水垢

续上表

部件	问题和故障	原因分析	处理方法
蒸发器	蒸发温度过高/高压保护	冷冻水量偏小	查看冷冻水泵是否故障或者阀门开启够不够
		进水温度偏高	查看膨胀阀开度够不够或者制冷剂是否充足
		蒸发器换热不良	消除蒸发器中的水垢
		膨胀阀堵塞	拆卸清洗
		干燥过滤器堵塞	更换
		制冷剂管路节流	找出节流原因并检修

6. 冷却塔故障处理

冷却塔故障处理具体见表 4.2。

表 4.2　冷却塔故障处理

部件	问题故障	原因分析	处理方式
冷却塔风机	运行噪声或振动过大	某处紧固部件松动或脱落	紧固或补充
		风机轴承缺油或损坏	加油或更换轴承
		风机叶片与其他部件碰撞	修理
		风机转速过高,通风量太大	调整风机转速或者叶片角度
		皮带与防护罩摩擦	张紧皮带,紧固防护罩
塔体	滴水声过大	填料下水偏流	查明原因,使其均流
		冷却水水量过大	控制流量
配水槽	配水槽溢水	配水槽出水孔堵塞	清除堵塞物
	配水槽布水不均匀	循环水量不足	加大循环水量,或者更换容量匹配冷却塔
	有明显飘水现象	循环水量过大	调整适量水量,或者更换容量匹配冷却塔
		通风量过大	降低风机转速,或者调整风机叶片角度,更换适合风量的冷却塔
		挡水板安装位置不当	调整位置
集水槽	集水槽水量不足	浮球阀损坏或开度不够	修复
	集水槽溢水	浮球阀失灵损坏	修复
出水管	出水温度过高	循环水量过大	降低循环水量
		布水不均匀	增大循环水量
		进出空气不畅	查明原因
		进水温度过高	查冷水机组方面问题
		室外湿球温度过高	无法解决

7. 水泵故障处理

水泵故障处理具体见表 4.3。

表 4.3　水泵故障处理

部件	问题和故障	原因分析	处理方法
轴承	轴承温度过高	润滑油不足	加油
		润滑油老化或润滑脂不佳	清洗后换油
		轴承安装不正确或间隙不适应	重新安装轴承或者更换
泵体	泵内有异响	泵内有空气,发生气蚀	查明原因,杜绝吸入空气
		泵内有固体异物	拆泵清理
	泵体有振动	地脚螺栓松动	拧紧
		泵内有空气,发生气蚀	查明原因,杜绝吸入空气
		轴承损坏	更换
		叶轮损坏	修复或更换
出水管	在运行中突然停止出水	进水管(口)堵塞	清理堵塞
		有大量空气吸入	检查进水口、管的严密性,以及轴承的密封性
		叶轮严重损坏	更换叶轮

4.2.2　组合式空调柜的安全操作与故障处理

1. 组合式空调机组操作规程

(1)开机前的检查

①认真检查机组外观是否变形,离心式通风机和各部分是否紧固,隔振器是否变形。

②检查空调器风机段、消声段、混合段、冷却段、过滤段等功能段内部是否清洁干净,清除各功能段内的杂物。

③用手盘动风机叶轮,检查风机运转是否灵活,叶轮是否碰撞蜗壳。

④检查皮带是否过松、过紧或有打滑、磨损现象。

⑤手动开机要检查机组的进出风风阀是否已处在开启状态;制冷期内还需检查空调机组冷冻水进出水管路上阀门是否已处在开启状态。

⑥检查机组各维修门是否关闭。

(2)运行后巡视检查

①设备运行是否有异常响声或振动,如有异常,应立即停车检查,严禁机组"带病"运行。

②检查风机运行电流是否在正常范围之内,电流不应超过额定电流,发现异常情况应

立即停机。

③制冷期内要检查凝结水盘、冷凝水是否顺畅地排水。

④制冷期内要检查进出水压力、压差是否在正常范围之内。进出水温、温差是否在正常范围之内。

⑤检查机组是否有变形或漏风现象,发现异常情况应立即停机。

⑥检查机组空气过滤器工作是否正常,过滤器压差报警器有无报警,过滤器阻力是否超出。

(3)组合式空调机组使用的注意事项

①风机启动前,操作人员必须离开风机段,关闭好检查门,方可启动风机。

②手动停机时,应在风机完全停止运转后,再将进风风阀关闭。

③操作人员要进入风机段,必须先关风机,并在控制柜上悬挂"有人作业禁止合闸"警告牌,待风机停止运转后,方可打开通道门,进入风机段。

2. 风机盘管操作规程

(1)开机前的检查

①检查空调器是否安装牢靠。

②空气过滤网是否干净。

③点动空调器,检查其风机的转向是否正确。

④检查进、出风管管路、风阀是否打开。

(2)运行后巡视检查

①设备运行是否有异常响声或振动,如有异常,应立即停车检查,严禁机组"带病"运行。

②检查风机运行电流是否在正常范围之内,电流不应超过额定电流,发现异常情况应立即停机。

③制冷期内要检查冷凝水是否顺畅地排水。

④制冷期内要检查进出水压力、压差是否在正常范围之内;进出水温、温差是否在正常范围之内。

⑤检查机组各部位是否有变形或漏风现象,发现异常情况应立即停机。

⑥风机盘管使用的注意事项:空调器出风口的风阀在关闭的情况下,严禁开机。

3. 组合式空调机组故障处理

组合式空调机组故障处理见表4.4。

表 4.4　组合式空调机组故障处理

故障现象	原因分析	处理方法
风量不足	过滤网阻力大	清洗过滤网或更换过滤网
	前后阀门开度过小	开启阀门至合适位置
风机段积水	通过挡水段的风速过高,令冷凝水飞进风机段	降低风速,清洗换热器;更换合适的挡水段;加高积水盘挡水高度
	积水盘排水管穿孔	积水盘排水管穿孔
风机或电动机轴承过热	轴承或主轴出现磨损	更换轴承或修补主轴,做好轴承润滑
整机异响振动、噪声偏大	过滤网阻力过大	清洗过滤网或更换过滤网
	进风手动风阀开度过小或没有打开	开启阀门至合适位置
	皮带打滑	调整皮带张紧程度
	皮带扭曲	调整两皮带轮在一垂直面上
	皮带轮有裂纹、缺口	更换皮带轮
	内部联接紧固件松脱	调整或更换皮带
压差报警装置报警	过滤网积尘严重	清洗过滤网或更换过滤网
	压差报警装置故障	更换压差报警装置
冷却效果差	过滤网积尘	清洗过滤网或更换过滤网
	表冷器外部积尘严重	清洗表冷器外部积尘
	表冷器内部积垢严重	清洗表冷器内部积垢
	控制冷却水电磁阀开度不够	加大控制冷却水电磁阀开度
	电机转速不够	检查电压、电流
	皮带打滑	调整或更换皮带

4. 风机盘管故障处理

风机盘管故障处理见表 4.5。

表 4.5　风机盘管故障处理

故障现象	原因分析	处理方法
风机旋转但风量较小或不出风	散热器积灰过多通道堵塞	清除散热器表面积灰
	出风口有堵塞物	清除堵塞物
	空气过滤器堵塞	清洗空气过滤器
盘管机组吹出的风不冷	散热盘管内有空气积存	排除盘管内空气
	供水停止循环	检查供水系统排除供水系统故障
	供水、回水阀未打开	打开供、回水阀
	供、回水阀堵塞,水无法进入盘管内	清除堵塞物或更换阀门
	散热盘管表面积灰过多,传热系数降低	清除散热盘管表面积灰,提高盘管传热系数

续上表

故障现象	原因分析	处理方法
盘管有振动和杂音	送风口百叶片松动	紧固风口百叶片
	风机叶片积尘太多或损坏	清洁或更换风机叶片
	风机叶轮与机壳风机摩擦	清除摩擦或更换
	风机固定螺钉螺丝松动	紧固风机固定螺钉
漏水	盘管机组排气阀未关闭	关闭排气阀
	排水口堵塞	清除排水口堵塞物
	水管漏水	更换水管
	冷水管保温不好,凝结水从管上滴下	对冷水管重新保温

5. 风阀、风管及风口故障处理

风阀、风管及风口故障处理具体见表4.6。

表4.6　风阀、风管及风口故障处理

部件	问题和故障	原因分析	处理方法
风阀	风阀转动或不灵活	异物卡住	清除异物
		传动连杆接头生锈	加煤油松动,并加润滑油
		安装或使用后变形	校准
		制造质量太差	修理或更换
风管\风口	送风量过大	风口阀门开度较大	关小到合适开度
		风速偏大	调整风机转速或更换风机
	送风温度偏低	室温设定值偏低	调节到合适值
		冷冻水温度偏低	检查冷水机
		冷冻水流量偏大	关小水阀
		新回风比不适合	调节到适当比例
	风管漏风	法兰连接处不严密	拧紧螺栓或更换橡胶垫
		其他连接处不严密	用玻璃胶或万能胶封堵

6. 组合式风阀故障处理

组合式风阀故障处理见表4.7。

表4.7　组合式风阀故障处理

故障现象	原因分析	处理方法
执行机构故障	凸轮错位或崩裂	调整或更换凸轮
	力矩保护模块烧毁	更换力矩保护模块
	执行电机故障	更换执行电机
	传动机构脱落或异物卡死	调整传动机构或清理异物

续上表

故障现象	原因分析	处理方法
风阀关闭不严	阀板密封条脱落	更换阀板密封条
	阀板变形	校正变形阀板
	轴套磨损	修复磨损轴套或更换轴套
	异物卡死	清理异物
	行程机构执行不到位	校正行程机构
阀体与阀盖间有渗漏	阀盖旋压不紧	旋压紧
	阀体与阀盖间的垫片过薄或损坏	加厚或更换
	法兰连接的螺栓松紧不一	均匀拧紧
填料盒有泄漏	填料压盖未压紧或压得不正	压紧、压正
	填料填装不足	补装足
	填料变质失效	更换
阀杆转动不灵活	填料压得过紧	适当放松
	阀杆或阀盖上的螺纹磨损	更换阀门
	阀杆弯曲变形卡住	矫直或更换
	阀杆或阀盖螺纹中结水垢	清除
	阀杆下填料接触的表面腐蚀	清除腐蚀产物

4.2.3　风机的安全操作与故障处理

1. 风机操作规程

(1)开机前的检查

①认真检查风机(离心式通风机、轴流式通风机)是否完好,风机表面是否有损伤或变形。

②电源是否正常,风机就地和环控室控制箱指示灯是否指示正确。

③检查联动风阀和相关调节阀是否动作灵活,开关是否到位,并应处于正确的位置,相连的防火阀是否全开。

④没有接风管的风机或风管有检查孔的风机要检查风机叶轮与机壳是否发生碰撞,机壳内有无杂物。

⑤检查风机的地脚螺栓或固定螺栓是否松动。

⑥能到现场检查的风阀,需要到现场确认风阀状态(主要指隧道组合风阀)。

⑦点动风机的电气开关,检查叶轮旋向与标志是否相同。

⑧特别注意:在启动风机前,要认真检查与风机相连的联动风阀、调节阀和防火阀,否则将会造成风管压力过大,引起风管爆裂,严重时会损坏风机叶片或电机。

（2）开机后巡视检查

①检查风机环控室控制柜电流是否在正常范围内，指示灯显示是否正常。

②检查就地控制箱各指示灯是否正常。

③仔细听风机是否发出异响、碰撞或金属摩擦声等。

④检查风机振动是否有异常，是否存在不规则振动。

⑤检查与风机相连的风管、柔性接头是否有破损或漏风，送、排风口是否正常送、排风。

⑥检查风机相对应的风口出风量是否正常。

⑦对于系列风机，发现三角皮带拉长而打滑，应及时调紧皮带的松紧度。

（3）风机使用的注意事项

①开机时必须先打开风机前后的风阀。

②风机起动时，任何人不得靠近风机的叶轮或风机的进出风口。

③停机时，应先关掉风机电源，待风机完全停止运转后，方可进行各方面的维修和关闭相关的风阀。

④对于可正反转风机，当要改变转动方向时，一定要等待风机完全停止方可重新启动，相邻两次起动时间间隔应大于 6 min。

⑤巡视时，如有异常必须立刻停机检查。

⑥风机运行中，应做到勤听、勤看、勤测，监视机组运行情况，认真填写设备操作运行记录。

⑦风机运行后，应及时进行各部清扫保养，定期对风机进行全面的功能测试（手动启动、自动启动、BAS 启动或 FAS 启动）。

2. 风阀操作规程

（1）开机前的检查

①检查风阀框架有无变形，与风管连接是否紧密。

②检查执行器与连杆连接是否紧密。

③检查操作器与环控电控柜指示是否正常。

④检查风阀叶片有无松动、变形。

⑤检查风阀相对应的风机是否处于停机状态。

⑥特别注意：开机前必须确认操作器与电控柜的指示正常，执行器与连杆连接无松脱或打滑，否则会导致风阀实际状态指示不一致，危及风系统管路与风机等设备。

（2）手动风量调节阀的运行

①拧松调节螺母。

②转动调节手柄，将手柄调节到所需的位置，并观察叶片位置是否正确。

③拧紧调节螺母,以固定叶片的位置和开度。

(3)电动风量调节阀的运行

①操作器开关位于"现场"位置时,按下"开"按钮,则风阀随时间的延长逐渐开启,直到风阀完全打开时自动停止,同时指示开启的"开"指示灯亮,按下"关"按钮(此时"开"按钮复位),则风阀从开的位置逐渐关闭,直到风阀全部关闭时,自动停止,此时"关"指示灯亮。

②切换开关位于"远方"位置时,被控风阀现场手动控制无效。它直接受远方手动无源接点信号及其他控制器的无源接点信号控制。随着控制信号延续时间长短决定风阀的开度。

③操作器的保护功能,切换开关在现场手动,远方手动或自动任一位置上,风阀一旦过载即自动切断电源,并发出声、光报警信号提示故障,停止运行。

(4)运行后的巡视检查

①风阀实际状态是否与操作器、电控柜上的指示一致。

②与风阀相关的风机、风柜等设备电流是否正常。

③风阀前后风管有无异常(鼓起、凹陷或漏风)。

④风机运行时,风阀是否存在晃动及异响。

3. 防火阀操作规程

(1)开启前的检查

①检查防火阀是否处于正常位置。

②检查阀框、阀片有无变形损伤。

③能否正常动作。

④检查电动控制防火阀的电源箱是否正常。

(2)防火阀的操作

①当电信号或手动拨杆使其关闭时,可反时针转动叶片主轴上的复位手柄使其复位。

②当易熔断片熔断使其关闭时,则须更换新的易熔断片并重新使其复位。

(3)运行后的巡视检查

①通过 FAS(消防报警系统)控制显示器检查防火阀的开关状态。

②发现防火阀关闭应立即进行复位,遇到重要位置(如主风管,风机出入口等)的防火阀意外关闭时,应按要求立即关闭相应的正在运行的风机或空调机,并立即对防火阀进行复位。

特别注意:遇到正在使用的风管的防火阀关闭时,除按上述要求复位外,必须对相应的风管、风机、风阀进行检查,只有检查正常才能重新投入使用,否则将会引起更大的损失。

4. 风机故障处理

风机故障处理具体见表4.8。

表 4.8 风机故障处理

故障现象	原因分析	处理方法
叶片损坏或变形	叶片表面或铆钉头腐蚀或磨损	如为个别损坏,可个别更换零件,如损坏过半,应更换叶轮
	铆钉和叶片松动	可用小冲子紧固,如无效可更换铆钉
	叶片变形后歪斜过大,使叶轮径向跳动或端面跳动过大	卸下叶轮后,用铁锤矫正,或将叶轮平放,压轴盘某侧边缘
密封圈磨损或损坏	密封圈与轴套不同心,在正常运转中磨损	先消除外部影响因素,然后更换密封圈,重新调整和校正密封圈的位置
	机壳变形,使密封圈一侧磨损	
	叶轮振动过大,其径向振幅之半大于密封径向间隙	
传送带滑下或跳动	两带轮位置没有找正,彼此不在一条线上	重新调整带轮
	两带轮距离较近,而传送带又过长	调整传送带的松紧度,可调整带轮间距或更换传送带
	传送带破损或粘有杂物,皮带轮圆度不够	更换或清除杂物,更换皮带轮
轴承安装不良或损坏	轴承与轴的位置不正,使轴承磨损或损坏	重新校正或更换轴承
	轴承与轴承箱孔之间的过盈太小,或有间隙而松动,或轴承箱螺栓或紧或松,使轴承或轴的间隙过小或过大	调整轴承与轴承箱孔间的垫片、轴承箱盖与座之间的垫片
	滚动轴承损坏,轴承保护架与其他机件碰撞	修理或更换轴承
	机壳内密封间隙增大使叶轮轴间推力增大	修复或更换密封片
	润滑性能差	添加或更换润滑油脂
风机振动过大	风机安装地脚螺栓不拧紧,基础的刚度不牢固	拧紧地脚螺栓,加固基础
	风机外壳与输气管连接螺栓没有拧紧	拧紧风机外壳与输气管连接螺栓
	轴承磨损、松动	更换轴承,定期加注适量润滑油脂
电机温升过高	由于风机固定螺栓松动导致风机振动引起的电机发热	拧紧风机固定螺栓
	电机润滑油脂质量不良,变质,或填充过多和含有灰尘,粘砂,污垢等杂质而影响轴承所引起的电机发热	按规定定期更换润滑油脂
	风机阻力过大或三相电流不平衡,或电压过低引起的电机发热	检查三相电流、电压
轴温报警	轴承损坏,轴温升高	更换轴承
	轴温传感器故障	更换轴温传感器
噪声大	管道、风机入口阀或出口阀安装松动;风机支座安装螺钉,拖动电动机安装螺钉松动	紧固各个安装螺钉
	风机传送带过松而发生传送带与带罩及传送带之间的振颤、抖动	调整传送带的松紧度

5. 风阀、风管及风口故障处理

风阀、风管及风口故障处理具体见表 4.9。

表 4.9　风阀、风管及风口故障处理

部　件	问题和故障	原因分析	处理方法
风阀	风阀转动或不灵活	异物卡住	清除异物
		传动连杆接头生锈	加煤油松动,并加润滑油
		安装或使用后变形	校准
		制造质量太差	修理或更换
风管/风口	送风量过大	风口阀门开度较大	关小到合适开度
		风速偏大	调整风机转速或更换风机
	送风温度偏低	室温设定值偏低	调节到合适值
		冷冻水温度偏低	检查冷水机
		冷冻水流量偏大	关小水阀
		新回风比不适合	调节到适当比例
	风管漏风	法兰连接处不严密	拧紧螺栓或更换橡胶垫
		其他连接处不严密	用玻璃胶或万能胶封堵

4.2.4　VRV、分体、新风机空调的安全操作与故障处理

1. VRV、分体、新风机空调的操作规程

(1)室外机使用前的检查

①检查地线是否可靠连接或被折断。

②打开空调电源开关 12 h 以上才能开始运行。此外,在需要一昼夜左右的短时间内停机时,不要切断电源(这是给曲轴箱加热器加热,避免压缩机带液启动)。

③确定室外机的进风口或出风口未被阻塞。

(2)中央空调的制冷、制热运行

①中央空调的室内机可以单独进行控制,但同一系统的室内机不能制冷、制热同时进行。

②当制冷与制热模式冲突时,正在制冷运行的室内机停止运行,操作面板显示"非优先"或"待机中"。正在制热运行的室内机照常运行。

③当设定固定的制冷或制热运行时,不能进行设定以外的运行。

（3）制热运行的特性

①运行开始时热风不会立即吹出，这是正常的防冷风功能，数分钟后（根据室内外的温度提前或推后），等室内热交换器转热后，吹出热风。

②运行中，若室外气温较高，则室外机的送风电机可能停止运行。

③在送风运行中，若其他室内机正在进行制热运行时，为防止热风吹出，有可能暂时停止送风。

（4）关于制热运行中的除霜

①在制热运行中，室外机有结霜现象发生的情况下，为提高制热效果，自行进行除霜运行（数分钟），这时从室外机排水。

②除霜运行中，室内机、室外机的送风电机停止运行。

③室外机设置强制制冷运行按键，按键一次向所有室内机发强制制冷信号，强制所有室内机制冷运行室内机风扇以高风运转。

（5）室外机操作注意事项

①闪电、附近的汽车或移动电话可能影响空调器误操作，断开电源开关数秒后再合上，然后重新启动空调器。

②在雷雨天气，断开主电源开关，否则闪电可能使空调器受损。

③空调器长时间不用，请断开主电源开关，否则可能会发生意外。

④清洁空调器或进行保养维护之前，请断开主电源开关，否则可能会发生意外。

⑤请勿使用液体清洗剂、液化清洁剂及腐蚀性清洁剂擦拭空调器或往机身上洒水或其他液体，否则会损坏机身塑料件，严重时可能会发生电击。维护之前，请断开主电源开关，否则可能会发生意外。

⑥若发生异常情况，如异常噪声、气味、烟雾、温度升高、漏电等现象，立即切断电源。

⑦勿将盛水容器置于空调上，水浸入空调内部使电器绝缘性减弱，导致触电。

⑧在任何情况下，不得断开主电源开关的地线。

（6）室内机使用前的检查

①检查地线是否可靠连接或被折断。

②检查空气滤尘网是否安装好。

③长期未使用空调器，务必要清洗空气滤尘网，然后才能启用空调器。

④确定室内外机的进风口或出风口未被阻塞。

⑤根据冷空气下沉、热空气上升的特性，在制冷、制热时，调整温度及风口的出风风向。

2.VRV、分体、新风机空调的故障处理

VRV、分体、新风机空调的故障处理具体见表4.10。

表 4.10　VRV、分体、新风机空调故障处理

部件	问题和故障	原因分析	处理方法
接水盘	溢水	排水管堵塞	疏通
		接水盘倾斜方向不正确	调整方向,市政排水口处最低点
	凝结水排放不畅	凝结水管道水平坡度太小	调整排水管坡度,或者就近排水
		排水口部分堵塞	疏通
		未做水封,或水封高度不够	做水封,或者将水封高度加大与送风机压头相对应
离心风机	运行噪声或振动过大	某处部件松动或脱落	紧固或补上
		风机轴承缺油或损坏	加油或更换轴承
		风机叶轮松动或变形擦壳	修理
制冷剂	制冷剂不足	制冷剂泄漏	检漏、堵漏、加足制冷剂
冷凝器	冷凝温度偏高/低压保护	冷凝器换热不良	消除冷凝器中的水垢
蒸发器	蒸发温度过高/高压保护	进水温度偏高	膨胀阀开度不够,或者制冷剂不足
		蒸发器换热不良	消除蒸发器中的水垢
		膨胀阀堵塞	拆卸清洗
		干燥过滤器堵塞	更换
		制冷剂管路节流	找出节流原因并检修

4.3　给排水系统安全操作与故障

4.3.1　变频加压给水装置的安全操作与故障处理

1. 变频给水设备安全操作规程

(1)手动操作

①点击控制柜显示屏界面,在自动控制显示栏中将自动控制切换至手动控制。

②点击控制柜显示屏界面手动控制中 1 号泵启动按钮,1 号泵工频运行。

③点击控制柜显示屏界面手动控制中 2 号泵启动按钮,2 号泵工频运行。

(2)自动操作

①点击控制柜显示屏界面,在自动控制显示栏中将自动控制切换至手动控制。

②当用水量较小时,1 号泵变频运行即可满足水量要求。

③当用水量增大时,1 号泵运行频率达到 50 Hz 仍无法满足用水量要求时,延时确认,1 号泵转为工频运行,同时,2 号泵接入变频器启动运行,直至 2 台泵同时投入运行。

④当用水量减少,变频泵运行频率降低,当变频泵运行频率降到设定的下限时,延时确认,则停止最先工频运行的水泵。当用水量继续减少,则停止第二个工频运行的水泵,直至

停掉所有的主泵,切入稳压泵为止。

注:运行中,应做到勤听、勤看、勤测,监视机组运行情况。

2. 变频给水装置故障处理

(1)水泵故障

水泵故障处理具体见表 4.11。

表 4.11　水泵故障处理

故障现象	原因分析	处理方法
手动正常自动不正常	自动运行信号未到达	检查传感装置安装是否正确并作通断测试以确定是否要更换
	自动控制回路线路故障	检查熔断器、工作方式选择开关等电路接触是否良好
电路接触是否良好	热继电器整定错误或损坏	重新整定热继电器或更换
	电机超负荷运行	关小水泵出水闸阀
部分水泵能工作,部分水泵不能工作	水泵机械故障	重新整定热继电器或更换
		关小水泵出水闸阀
不能启动电机	电源进线失电或缺相	检查三相进线是否有电
	控制电路熔断器熔断	检查熔断器
	控制电路接触器损坏	更换接触器
备用泵不能自动投入	备用泵控制信号未到达	检查控制线路
	控制备用泵的交流接触器、断路器等元件损坏	要更换元件
	时间继电器损坏	更换时间继电器
变频器无法运行	控制回路线路故障	排除控制回路故障
	变频器参数设置不当	重新设置变频器参数
	变频器故障后保护性停机	详见变频器使用说明书有关故障处理方法的章节
星三角起动:星形起动星三角起动;星形起动三角形连接时,断路器跳闸	电机端子接错	仔细检查接线
自耦降压起动:不能起动或起动后工作不正常	时间继电器损坏	更换时间继电器
	中间继电器损坏	更换中间继电器
	接触器损坏	更换接触器
	自耦变压器的热敏开关损坏、自耦变压器损坏	更换自耦变压器
软起动器起动:电动机起动失败或电机运行时非正常停机	起动信号不正常	检查是否有起动信号
	主电源电压不正常	更换电源
	二次接线错误	仔细检查接线

（2）控制柜故障

控制柜故障处理具体见表 4.12。

表 4.12　控制柜故障处理

故障现象	原因分析	处理方法
手动正常自动不正常	控器开关连接失效	检查安装是否正确作通断电测试
	控制回路未接通	检查熔断器、选择开关等
变频器出现故障保护	变频器参数设置不当,供电源过高过低,电源容量偏低,其他动力设备造成短时欠压,补偿电客柜启动造成欠压	检查变频器故障显示参数,确定故障原因作相应处理
		调整电源
过载指示灯经常亮	热继电器整定不当	重新整定热继电器
	电机超负荷运行	关小水泵出水闸阀
	热继电器坏	更换热继电器
加碳泵频繁	变频器下限频率加减速时间设置不当	重新设置相关参数
	PID 参数调节不当	重新调整 PID 参数
电机突然发出异常响声	电机突然发出异常响声,电源缺相	检修水泵
		检查电源主电路
部分泵不能工作	水泵机械故障;控制线路故障	检修水泵;检查电源主电路
变频器不工作	变频器故障保护、无运行信号、参数设置不当	参照变频器故障保护处理办法,检查信号线接触状态,重新设置参数
水泵不出水	阀门未打开,管路阻塞	打开阀门,去除阻塞物
	转向不对、缺相转速慢	调整电机转向,排尽泵内气体
	泵内空气未排尽	减少弯道
	管路阻力过大,泵选型不对	重新选型
功率过大	超过泵的额定流量使用	关小阀门调节流量
	泵的轴承破损	更换轴承
水泵流量不足	按水泵不出水原因查找;流道阻塞,阀门开度不够	找不出水原因排除;去除阻塞物,调整阀门开度,电源电压
	电压偏低;叶轮磨损	更换叶轮
杂音、振动	管路支撑不稳	固定管路;排气;消除气蚀;更换轴承
	液、气体混合;产生气蚀	排气
	轴承损坏	消除气蚀;更换轴承
	电机超载运行	消除异物
	管路支撑不稳	固定管路;排气
	液、气体混合;产生气蚀	消除气蚀
	轴承损坏	更换轴承
	电机超载运行	消除异物

续上表

故障现象	原因分析	处理方法
电机发热	流量过大,超载运行	关小出口阀门,检查排出口
	电机轴承损坏	更换轴承
	电压不足	调整电机电源
水泵漏水	机封量损或损坏	更换机封
	泵体有砂孔或裂纹	焊补或更换泵体
	密封面不平整	修整密封面
	安装螺栓松动	紧固螺栓、螺母
管路渗漏	虚焊、焊缝裂纹	找专业焊工焊补或更换
管阀连接密封面渗漏	螺栓未紧固	紧固螺栓
	密封垫未装正或损坏	装正密封垫或更换密封垫
缺水保护液位器失效	液位器已损坏	更换液位器
	线路连接不当	调线路至正常
压力传感器、安全阀失效	连接不当	调整连接至正常
	该器件已损坏	更换备件
止回阀、碟阀失效	密封或动作部件变形、变位	调整修复至正常
	该器件已损坏	更换器件

4.3.2　潜污泵的安全操作与故障处理

1. 潜污泵安全操作规程

(1)运行前的准备

①运行前必须检查电缆引线是否有断裂或破损,检查潜污泵淹入水中的深度,并清除水泵周围的杂物,不得陷入淤泥中,以防散热不良而烧损。

②水泵故障维修结束运行前必须检查水泵线圈电阻是否正常,相线对地绝缘是否正常。

③检查集水坑中浮球是否存在打结、卡塞情况。

④检查水泵与管道的耦合是否到位。

⑤检查水泵控制柜进线电压是否正常。

⑥潜污泵电源接好后,应先试运转一下,看旋转方向是否正确;若反转,应对电源接线进行换相操作。

⑦潜污泵电源接好后,点动运行一下,查看潜污泵叶轮处是否存在反水情况,若存在,需检查管道内的止回阀是否故障。

（2）手动操作

①将转换开关打到手动位。

②启动时，点按潜污泵控制箱上的启动按钮，启泵指示灯亮，水泵启动。

③停泵时，点按潜污泵控制箱上的停止按钮，运行指示灯由亮至灭，水泵停止。

（3）自动操作

①将转换开关打到自动位。

②在两个相邻运行周期内，潜污泵互为主、备用。

③水泵的启动与停止，由 BAS 后台控制或集水井内的水位浮球开关自动控制。

④水泵出现故障不能正常运行时，故障信息将自动反馈到综合监控系统界面。

（4）运行中

①水泵运行中，应定期检查水泵运行状况，如有异响及震动，应立即停泵检查。

②检查水泵运行电流是否正常，若电流偏大则存在异物卡塞情况，应立即停泵检查。

2. 潜污泵故障处理

潜污泵故障处理具体见表 4.13。

表 4.13　潜污泵故障处理

故障现象	原因分析	处理方法
流量不足或不出水	叶轮反转	调整任意两相相序
	流道堵塞	清除杂物
	被抽介质浓度过大	用水冲稀，降低浓度
	扬程过高	改变或降低扬程
	叶轮磨损严重	更换叶轮
不能启动	无法启动缺相	检查接线
	叶轮卡住	清除杂物
	绕组接头或电缆断路	用兆欧表检查并修复
	定子绕组烧坏	进行修理、更换绕组
	电器控制故障	检查控制柜，维修后调换电器零件
定子烧坏	缺相运行	查清线路，清除故障
	被抽介质浓度较大	用水稀释
	叶轮卡死或松动	清除赃物，拧紧螺母
	密封损坏造成电机进水	更换机械密封或 O 形密封圈
	紧固件松动，造成电机进水	拧紧所有的紧固件
电流过大	管道、叶轮被堵	清理管道和叶轮中的堵塞物
	抽送介质的液体密度或黏度较高	改变抽送液体的密度或黏度
	流量过大	关小出口阀，减小流量

故障现象	原因分析	处理方法
水泵不出水,压力表及其真空表的指针剧烈摆动	注入泵的水不够	再往泵内注水
	进水管漏气	堵塞漏气处
	底阀关闭不严进水倒流	检查并修理底阀,使其关闭严密
	水泵密封性不够,吸入段进气	检查各密封点,排除进气泄漏点
泵不吸水,但真空表显示高度真空	进口阀门没打开或堵塞	检修或更换进口阀门
	吸水管阻力太大	清洗或更换前端过滤器
泵不出水,压力表显示有压力	出水管堵塞或出口阀没开	检查出水管及出口阀
	叶轮淤塞	清洗叶轮
泵流量减少或杨程下降	吸入侧堵塞	检查过滤网、叶轮、导流体
	出口阀门调整不良	仔细调整出口阀门
	吸入空气	检查排气阀及水池水位(如放入木排等漂浮物等方法)
	叶轮、壳体衬套、密封环损坏	修补或换件
水泵内声音反常,吸不上水	吸水管漏气	堵塞漏气处
	流量过大	调节出水闸阀
	叶轮脱落	重新安装或更换叶轮
轴承过热	润滑油不足或过多或变质	检查油量,清洗轴承并换油
	轴承与端盖间隙过小	重新调整端盖间隙
	轴承游隙过小	调整轴承游隙
	轴承内外圈已磨损	更换新轴承
	泵与电动机不同心	校正泵与电动机的同轴度
电动机不启动	电动机的故障	检查电动机部分
	不满足控制系统启动逻辑条件	按条件顺序逐条检查
	异物进入到转动部位,滑动部位被咬住	清除叶轮、壳体衬套、口环的异物
	电源故障	检查供电系统(欠压、三相不平衡、相序、缺相、漏电、过载、短路)和主回路断路器状态
电动机过热	水路阀门全开,水量超标,水泵实际运行的电流长期超过额定电流 10%	调整阀门至水量合适
	联结错误,将三角形联结误接成 Y 形联结	重新接线
	定子绕组有相间短路、匝间短路或局部接地	修复绕组故障点或重绕
	轴承磨损,转子偏心扫膛使定转子铁心相擦发出金属撞击声,铁心温度迅速上升	更换轴承
	电动机绕组受潮或灰尘、油污等附着在绕组上,导致绝缘性能降低	应测量电动机的绝缘电阻并进行清扫、干燥处理

续上表

故障现象	原因分析	处理方法
超负荷	轴承损坏	更换轴承
	泵内部咬住异物	除掉异物
	机械密封抱轴口环咬死等损坏	检修或更换机封等
	出口开度过大或泄露	检修出口阀门开度及出口管线泄露情况等
异常振动和噪声	轴弯曲、磨损严重或轴承损坏、润滑不良	更换轴承或轴,更换润滑油
	异物堵塞、叶轮损伤、转子不平衡	清除异物、修复更换叶轮、转子静平衡
	找正超标	按要求找正
	转子不平衡	转子做平衡
	泵与电动机不同心	校正泵与电动机的同轴度
	地脚螺栓松动	拧紧地脚螺栓
	出水管路的影响	检查接头、阀门等,消除不良影响
机械密封漏水和发热	动静环间有杂物或磨损严重	清洗机械密封,或研磨、更换处理
	安装不当,密封面装配过紧	重新安装调整压缩量
	机械密封发生干摩,冷却水量不够	增大冷却水量
	密封压盖漏水	检查压盖是否偏斜
	气蚀或出口堵塞	检查排气阀及出口压力
潜水泵运转有异常振动、不稳定	水泵底座地脚螺栓未拧紧或松动	均匀拧紧所有地脚螺栓
	出水管路没有加独立支撑,管道振动影响到水泵上	对水泵的出水管道设独立稳固的支撑,不让水泵的出水管法兰承重
	叶轮质量不平衡甚至损坏或安装松动	修理或更换叶轮
	水泵上下轴承损坏	更换水泵的上下轴承
潜水泵不出水或流量不足	水泵安装高度过高,使得叶轮浸没深度不够,导致水泵出水量下降	控制水泵安装标高的允许偏差,不可随意扩大
	水泵转向相反	水泵试运转前先空转电动机,核对转向使之与水泵一致。使用过程中出现上述情况应检查电源相序是否改变
	出水阀门不能打开	检查阀门,并经常对阀门进行维护
	出水管路不畅通或叶轮被堵塞	清理管路及叶轮的堵塞物,经常打捞蓄水池内杂物
	水泵下端耐磨圈磨损严重或被杂物堵塞	清理杂物或更换耐磨圈
	抽送液体密度过大或黏度过高	寻找水质变化的原因并加以治理
	叶轮脱落或损坏	加固或更换叶轮
	多台水泵共用管路输出时,没有安装单向阀门或单向阀门密封不严	检查原因后加装或更换单向阀门

故障现象	原因分析	处理方法
电流过大电机过载或超温保护动作	工作电压过低或过高	检查电源电压,调整输出电压
	水泵内部有动静部件擦碰或叶轮与密封圈磨擦	判断磨擦部件位置,消除故障
	扬程低、流量大造成电动机功率与水泵特性不符	调整阀门降低流量,使电动机功率与水泵相匹配
	抽送的密度较大或黏度较高	检查水质变化原因,改变水泵的工作条件
	轴承损坏	更换电机两端的轴承
绝缘电阻偏低	电源线安装时端头浸没在水中或电源线、信号线破损引起进水	更换电缆线或信号线,烘干电机
	机械密封磨损或没安装到位	更换上下机械密封,烘干电机
	O形圈老化,失去作用	更换所有密封圈,烘干电机
启动时电机不转,有嗡嗡声	轴承咬合抱轴	检修轴承
	电机单相运转	检查电源、电缆线,找出断相
水泵管路中,管道或法兰连接处,经常有明显的渗漏水现象	管道本身有缺陷,未经过压力试验	有缺陷的管子应予以修复甚至更换,对接管子的中心偏离过大的应拆掉重排,对准后连接螺栓应在基本自由的状态下插入拧紧,管路全部安装完后,应进行系统的耐压强度和渗漏实验
	法兰连接处的垫片接头未处理好	
	法兰螺栓未用合理的方式拧紧	
潜水泵长时间启动,同时出现高水位报警	隧道渗水量大	联系、协调相关专业对渗漏点进行封堵
	止回阀关闭不到位或无法关闭,出现循环水现象	打开止回阀面板,清除阀体内的杂物,消除卡死现象
泵启动和停止太频繁或长时间运行	止回阀故障	检查止回阀,并维修
泵的流量或扬程下降	泵反转(仅对三相而言)	关掉控制箱的总电源,调换任意二相电源线
	输送扬程太高,流量不足	增加出口阀门开度
	出水管泄漏	找出泄漏,并进行修正
	出水管局部可能被沉积物氧化或堵死	检查管线,清理或更换新的
	泵局部堵塞	吊起泵清理,如果泵放在滤网内,同样也需检查和清理
	叶轮、密封环磨损	吊起泵更换密封环

续上表

故障现象	原因分析	处理方法
泵运转后无流量	气塞	接二连三地打开和关闭阀门几次； 启动/停止泵几次，每次重新启动间隔为 2～3 min； 根据不同的安装方法，检查是否需要安装一个空气释放阀
	出水阀门未打开或堵塞	如果阀门处于关闭状态应打开；检查并清除堵塞物
	泵反转	关掉控制箱总电源，调换任意二相电源线
泵启动或停止太频繁	泵启动或停止太频繁	重调浮球开关间距从而延长运行时间
	逆止阀故障，逆止阀不能止回，使液体倒流到污水池	检查并维修
停止失灵	浮球开关"停止"功能失灵	检查，如果失灵应予更换
	浮球上浮子卡在"工作"的位置	松开，如果需要的话可改变位置
泵启动后，断路器Ⅰ过载器跳开	电压过高	将电压调到规定的范围
	控制柜故障	仔细检查布线等，禁止用超过推荐数值的原件来更换断路器 检查继电器是否失常
	在泵体底部堆积了泥浆或其他沉积物	清理泵参见安装说明书的有关部分
泵不能启动，熔丝熔断或断路器跳开	电控柜故障或继电器失灵	检查电控柜里面的布线及元器件； 使用相同规格型号的元件来更换继电器
	浮球故障	检查使用旁路浮球开关是否能启动泵，如是，应检查浮球开关
	绕组、接头或电缆短路	用欧姆表检查，如果证明是断路，检查绕组、接头线及电源
	泵被堵塞	切断电源，将泵移出污水池，清除障碍物复位试一下
泵启动不了，但熔丝没断或过载保护器不跳开	电压过低	检查控制柜电压，如电压过低，暂时不能使用；电缆线过长，引起压降过大，应尽量缩短电缆线，并适当选择大一号截面的电缆
	没电	检查控制柜是否有电
	绕组、电缆、接头线或控制柜短路	检查电缆、电机的接头和绕组

4.3.3　SBR 生活污水处理设备的安全操作与故障处理

1. SBR 生活污水处理设备操作规程

（1）手动操作

①把设备控制柜的各转换开关打到手动位，方可进行手动操作。

②确认控制柜中电源空气开关闭合、各设备断路器闭合，排泥阀关闭。

155

③选择将使用的 SBR 污水处理池,打开其进水管口阀门。

④在污水泵现场柜内操作,启动 1 号污水泵或 2 号污水泵向 SBR 反应池进水,检查污水泵运行是否正常,当进水量达到 SBR 反应池 3/4 处,停止水泵运行。

⑤在控制间控制柜内操作运行,打开 1 号、2 号曝气机,看设备内部曝气情况,判定设备运行正常。1 号运行 2 h,2 号在运行周期时一直运行,运行周期后隔 2 h 运行 2 h。

⑥曝气结束后,将所有设备停止运行,SBR 反应池开始静止沉淀 1.5 h。

⑦当沉淀到 1.5 h,将控制柜上电动阀的转换开关打向手动,开启电动阀进行排水,30 min 后关闭电动阀。

⑧当污水量较小,污水泵液位达低位,而 SBR 反应池内液位尚未达高位,应停止操作,待污水泵井内水量充足时再进水。

⑨在调试时或 SBR 反应池放空后,首次排泥应在 SBR 反应池内污泥沉积厚度达 40 cm 左右进行。

(2)自动操作

①把设备控制柜的转换开关全打到自动位,方可进行自动操作。

②污水泵根据液位控制,高位启动,低位停止,1 号及 2 号污水泵交替运行,SBR 设备 6 h 一周期,开启时 1 号、2 号曝气机同时启动,1 号曝气机运行 3 h 停止,2 号在运行周期 5 h 内连续运行,3.5 h 曝气后进行沉淀 1 h,开始出水,30 min 后,关闭出水,一次循环完成,下次循环重新开始。设备超高水位时自动排水。

2.SBR 生活污水处理设备故障处理

(1)当设备注水停止时间过长,造成设备内水温下降,与进水水温相差过大时,容易形成由于水温差而引起的平流层的现象,造成不利于絮花下沉,从而影响出水水质。所以应尽量减少停机次数和停机时间。如出现上述情况,可以将设备内的水通过排泥阀尽可能排出去一些,这样,造成平流层的现象会很快消失。

(2)平台上应设有自来水管,并备有一定长度的胶皮软管,以保证对设备沉淀区斜管进行经常性的冲洗,防止斜管粘泥过多而影响沉淀效果及斜管的使用寿命。

(3)设备应按正常负荷运行,当设备超负荷运行时,会影响出水水质。应保证设备在额定范围内运行。

(4)当沉淀区斜管使用年限过长而影响沉淀效果时,应及时通知原生产厂家,按原定型规格更新处理,以保证斜管沉淀池的长期正常运转。

4.3.4　污水提升装置的安全操作与故障处理

1.污水提升装置操作规程

(1)运行前应详细检查设备是否完好,经确认无误后,方可进行运行操作。

（2）污水提升装置采用"手动""自动"两种控制方式。在手动状态下，可以分别开启、停止每个动力设备，便于在调试状态下工作。

（3）将控制箱的选择开关设置在自动位，设备处于自动控制方式。

（4）污水提升泵的启动与停止受箱内的浮球控制，箱内液位达到启动液位时启动在运行时，人员与其他动物不得触碰污水提升泵。

（5）水泵的运行与维护，应严格按照其相关规程进行。

（6）运行中应定期检查设备运行状态。

2. 污水提升装置故障处理

污水提升装置故障处理见表 4.13。

4.3.5　水喷淋设备的安全操作与故障处理

1. 水喷淋设备安全操作规程

（1）运行前

①运行前应全面检查设备是否正常，各部管道无泄漏，阀门开、关位置正确。

②选择主、备用泵，将控制箱上的选泵开关打到"1 号/3 号"泵时，1 号、3 号泵为主用泵；打到"2 号/4 号"泵时，2 号、4 号泵为主用泵。

（2）手动操作

①将控制箱上的选择开关打到手动挡。

②启动时点击控制箱上 3 号/4 号"启动"按钮，运行指示灯亮，稳压泵启动。停止时点击控制箱上的 3 号/4 号"停止"按钮，运行指示灯灭，稳压泵停止。

③启动时点击控制箱上 1 号/2 号"启动"按钮，运行指示灯亮，喷淋泵启动。停止时点击控制箱上的 1 号/2 号"停止"按钮，运行指示灯灭，喷淋泵停止。

（3）自动操作

①将控制箱上的选择开关打到 1 号/3 号或者 2 号/4 号挡。

②管网水泄漏及气压罐内空气漏失从而造成系统压力下降时，稳压泵自动启动，进行补水增压。

③稳压泵补水增压达到压力设定上限值时，稳压泵停止运行，由气压罐保持喷淋管网压力。

④火灾发生时，喷淋管网压力降至喷淋泵启动压力时，喷淋泵自动启动，稳压泵自动停止。

⑤主喷淋泵启动失败或运行过程中发生故障，备用喷淋泵自动启动。

⑥喷淋泵启动后，需通过切换到手动操作关机。

⑦水泵启动后,应注意观察机组运行状态,若发出异响、振动等现象,应立即查明原因。

⑧运行中要加强对电压、电流的监视,电源电压与额定电压的偏差不超过±5%;三相电压不平衡度空载时不超过1.5%;电流不能超过铭牌上的额定电流;三相电流不平衡度空载时不超过10%,额定负载时不超过5%。

2. 水喷淋设备故障处理

(1)现场手动不能启动。

原因1:电源及电机有问题。

处理措施:检测电源配电柜和电机。

原因2:水泵控制柜有问题。

处理措施:检测控制回路和主回路。

原因3:水泵有问题。

处理措施:检测水泵是否有卡堵现象。

(2)联动和远控不能启动。

原因1:水泵控制柜的万能转换开关未在自动状态或有问题。

处理措施:检查万能转换开关。

原因2:远程控制线有问题。

处理措施:检查远程控制线。

原因3:水泵控制柜内的中间继电器有问题。

处理措施:检查中间继电器。

原因4:早期的建筑未设压力开关自动起泵,就存在联动程序有问题。

处理措施:检查联动程序。

(3)启泵后水泵无出水

原因1:消防水池内无水或水位过低。

处理措施:检查消防水池水位。

原因2:进水闸阀或出水闸阀关闭。

处理措施:检查进、出水闸阀。

原因3:水泵反转。

处理措施:检查电机的相序。

原因4:进水管的阀门被杂物堵住。

处理措施:检查进水管。

(4)启泵后管网压力上升不够。

原因1:泵的叶轮里有杂物。

处理措施:检查水泵的叶轮。

原因 2:试水管的阀门关闭不严。

处理措施:检查试水管的阀门。

原因 3:管网有漏水的现象。

处理措施:检查管网。

原因 4:屋顶水箱下水的单向阀关闭不严。

处理措施:检查屋顶处的单向阀。

(5)泵振动过大或异常声响

原因 1:水泵的基础不牢或螺栓松动。

处理措施:检查基础和固定螺栓。

原因 2:泵体中,轴偏心、轴承坏等。

处理措施:检查泵体。

原因 3:润滑油不足。

处理措施:检查润滑油。

(6)漏水。

原因 1:机械密封圈漏水。

处理措施:检查机械密封圈。

原因 2:盘根漏水。

处理措施:检查盘根。

4.3.6　消防栓及增压设备的安全操作与故障处理

1. 消防栓及增压设备操作规程

(1)运行前的制备

①运行前,应全面检查设备是否正常,各部管道无泄漏,阀门开、关位置正确。

②选择主、备用泵,将控制箱上的选泵开关打到"1 号/3 号"泵时,1 号、3 号泵为主用泵;打到"2 号/4 号"泵时,2 号、4 号泵为主用泵。

③检查消防泵、稳压泵电接点压力表压力设置是否合理。

(2)手动操作

①将控制箱上的选择开关打到手动挡。

②启动时点击控制箱上 3 号/4 号"启动"按钮,运行指示灯亮,稳压泵启动。

③停止时点击控制箱上的 3 号/4 号"停止"按钮,运行指示灯灭,稳压泵停止。

④启动时点击控制箱上 1 号/2 号"启动"按钮,运行指示灯亮,消防泵启动。

⑤停止时点击控制箱上的1号/2号"停止"按钮,运行指示灯灭,消防泵停止。

(3)自动操作

①将控制箱上的选择开关打到1号/3号或者2号/4号挡。

②火灾发生时,消防管网压力降至消防泵启动压力时,消防泵自动启动,稳压泵自动停止。

③主消防泵启动失败或运行过程中发生故障,备用消防泵自动启动。

④消防泵启动后,需将控制面板打至手动位,消防泵方能停止。

(4)远程操作

①将控制面板选择开关打到1号/3号或者2号/4号挡。

②车控室IBP盘直流24 V信号直接启停消防泵。

③水泵启动后,应注意观察机组运行状态,若发出异响、振动等现象,应立即查明原因。

④运行中要加强对电压、电流的监视,电源电压与额定电压的偏差不超过±5%;三相电压不平衡度空载时不超过1.5%;电流不能超过铭牌上的额定电流;三相电流不平衡度空载时不超过10%,额定负载时不超过5%。

2. 消防栓及增压设备故障处理

消防栓及增压设备故障处理具体见表4.14。

表4.14　消防栓及增压设备故障处理

故障现象	原因分析	处理方法
电动蝶阀阀门两端面泄漏	两侧密封垫片失效	更换密封垫片
	管法兰压紧力不均或未压紧	压紧法兰螺栓(均匀用力)
电动蝶阀密封面泄漏	蝶板、密封关闭位置吻合不正	调整蜗轮或电动执行器等执行机构的限位螺钉,以达阀门关闭位置正确
	久闭的阀门在密封面上积垢	将阀门开一条缝,让高速流体冲掉积垢
	密封面损伤	重新研磨,调整垫片补偿
电动蝶阀法兰结构处泄漏	螺栓拧紧力不均	重新均匀拧紧螺栓
	垫片老化损伤	更换垫片
	垫片选用材料与工况介质要求不符	按工况要求正确选用垫片材质和形式,必要时与厂家联系
电动蝶阀涡轮、蜗杆传动卡咬	不清洁嵌入脏物,影响润滑	清除脏物,保持清洁,定期加油
	操作不当	若操作时发现卡咬,阻力很大时,不能继续操作,应立即停止,彻底检查
消防管路漏水	管路渗漏	即时关闭漏水点相邻管段阀门,对泄漏点进行封堵
		即时关闭相邻管段阀门,更换相应爆管管路

续上表

故障现象	原因分析	处理方法
消火栓漏水	消火栓壳体有裂纹	更换消火栓
	消火栓未关死	重新关紧
	消火栓阀芯橡胶垫片老化	更换阀芯垫片
	阀芯与阀座之间有杂物	重新开启后再关紧
潜水泵频繁启动	阀杆断裂	更换
不能起动	电源未通	检查开关、熔丝、各对触点及引出线头
	定子绕组故障	专业检查有无绕组断路、短路、接地
	负载过大或传动机械被卡住	选择较大容量的电动机或减轻负载,如传动机械卡住应检查机械
	控制设备接线错误	校正接线
电动机带负载运行时转速低于额定值	电源电压过低	用电压表、万能表检查电动机输入端电源电压
	负载过大	选择较大容量的电动机或减轻负载
接地失灵电机外壳有电	电源线与接地线搞错	纠正接地线
	绕组受潮,绝缘老化或引出线与接线盖相碰	绕组干燥处理,绝缘老化严重者更换绕组,整理接地线
电机运转时声音不正常	转子与定子或绝缘纸相擦	检查电动机内膛,绝缘纸有无突出部分,轴承是走外圆或内圆
	电机缺相运行	检查开关、熔丝、接触器、接线等
	轴承损坏或严重缺油	更换轴承、清洗轴承、更换润滑脂
电动机振动	转子动平衡不合格	校转子动平衡
	轴身弯曲	校直或更换
轴承过热	轴承损坏	更换轴承
	轴承润滑脂质量不好或填充量不当	更换润滑脂,填充量不宜超过轴承容积的70%
	轴承室或轴磨损严重变形	采取镶套或涂镀法修复磨损件
	电动机两侧端盖或轴承盖未装平	将端盖或轴承盖安置口装进,装正、拧紧螺栓
电动机温升过高或冒烟	负载过大	选择较大容量电动机或减轻负载
	两相运转	检查熔丝、开关接触点
	电动机风道堵塞	检查熔丝、开关接触点
	环境温度增高	采取降温措施
	定子绕组故障	专业检修定子绕组
	电源电压过低或过高	用电压表、万能表检查电动机输入端电源电压

4.3.7 水阀的安全操作与故障处理

1. 水阀安全操作规程

(1)手动水阀的操作方法

①旋转手轮可使阀门打开或关闭。

②顺时针方向旋转手轮,开度指针随着往"关"(CLOSE)的方向移动,开度变小。当指针指向"关"(CLOSE)时,阀门全部关闭。

③反时针方向旋转手轮,开度指针随之往"开"(OPEN)的方向移动,开度变大。当指针指向"开"(OPEN)时,阀门全部打开。

④当要水阀全开或全关时,手轮旋到位后,不要用力过大,以免损坏传动机构。

(2)电动蝶阀的操作方法

①在车控室的控制面板上点击"关闭"按钮或在就地控制箱面板上点击"关闭"按钮,电动阀门开始工作,当阀门达到"全关"(CLOSE)位置时,行程控制机构能准确地切断电源,同时车控室的控制面板上指示"全关"的指示灯亮。

②在车控室的控制面板上点击"开启"按钮或在就地控制箱面板上点击"开启"按钮,电动阀门开始工作,当阀门达到"全开"(OPEN)位置时,行程控制机构能准确地切断电源,同时车控室的控制面板上指示"全开"的指示灯亮。

③日常要注意保持电动阀门执行器干燥,同时不受外力冲击。

2. 水阀的故障处理

水阀故障后,密封或动作部件变形、变位或器件已损坏,要调整修复至正常状态或更换器件。

4.4 站台门系统安全操作与故障

4.4.1 站台门系统安全操作规定

1. 在站台门维保工作的基本安全规定

(1)三不动:未联系登记好不动;对设备性能、状态不清楚不动;对正在使用中的设备不动。

(2)三不离:检修完不复查试验好不离开;发现故障不排除不离开;发现异状、异味、异声不查明原因不离开。

(3)三清:对于故障和事件要做到时间清,地点清,原因清。

（4）四懂四会：从业人员需做到懂设备结构、会使用；懂设备性能、会维修；懂设备原理、会排除故障；懂设备用途、会操作。

2. 站台门专业的一般规定

（1）从事站台门作业的人员，必须通过公司上岗考试，并取得相应作业资格证之后，方准参加站台门作业。

（2）站台门设备维修停、送电操作应有专人负责，严禁采取约时、捎信或其他不可靠的方式联系停、送电。

（3）站台门设备停电后，需用可靠的验电仪器（或工具）进行验电，确认无电后，方准作业。

（4）停、送电操作应一人操作、一人监护，操作人员应熟悉工作现场、操作方法及负荷情况，非专业人员严禁擅自操作。

（5）站台门作业过程中，除当次作业范围内的设备以外，作业人员严禁擅自操作或动用其他设备。特殊情况下必须操作或动用时，须经调度或管理部门的同意。

（6）站台门人员在操作、维修设备之前，应熟悉本站台门设备的结构和性能。在设备完全停止以前，不准开始维修工作。

（7）作业人员要穿紧袖口的工作服，戴安全帽。作业前必须检查机械、仪表、工具等，确认完好方准使用。

（8）雷电时，禁止在室外设备以及与其有电气连接的室内设备上作业。

（9）站台门设备巡检、维修作业至少两人同时进行，严禁单人作业。

（10）一般情况下，不允许在带电的设备上作业，必须带电进行时，要做好可靠的安全防护措施。

（11）高处作业（距离地面2 m以上）人员要系好安全带，戴好安全帽。在作业范围内的地面作业人员也必须戴好安全帽。高空作业时要使用专门的用具传递工具、零部件和材料等，不得抛掷传递。

（12）高处作业人员要配带工具包，严禁将工料具直接放置在高处，以防工、料具掉落伤人。

（13）作业使用的梯子要结实、轻便、稳固并按规定试验合格。

当用梯子作业时，梯子放置的位置要使梯子各部分与带电部分之间保持足够的安全距离，且有专人扶梯。登梯前作业人员要先检查梯子是否牢靠，梯脚要放稳固，严防滑移，梯子上只能有1人作业。使用人字梯时，必须有限制开度的措施。

（14）作业使用的脚手架应无锈蚀、开焊、变形和损伤，移动式脚手架脚轮和刹车应正常。

当用脚手架作业时,脚手架放置的位置要使脚手架各部分与带电部分之间保持足够的安全距离,地面要平稳、坚固,且有专人扶持。脚手架上作业人员必须穿防滑鞋,系安全带,锁牢所有扣件,并戴好安全帽。

在脚手架上作业时,要锁紧脚轮,防止移动。脚手架换位置时,作业人员要全部下到地面,严禁作业人员停留在脚手架上。

(15)在站台门设备附近搬动梯子、长大工具、材料、部件时,要时刻注意与设备保持一定距离,严防撞击设备。

(16)电气设备的金属外壳均要有良好的接地,使用中不准直接触碰设备的带电部分,严防人员触电。

(17)停电作业时,必须先对设备进行检查,确认停电后方可进行作业。作业完毕对设备送电之前,应严格检查,确认设备良好后,方可送电。

(18)禁止在运行中清扫、擦拭和润滑设备的旋转和移动部分,并严禁将头、手伸入其行程范围内。

(19)遇有站台门设备着火时,应立即将有关设备的电源切断,然后按规定采取有效措施灭火。

(20)在电气设备上作业时,严禁用棉纱(或人造纤维织品)、汽油、酒精等易燃物擦拭带电部分,以防起火。

3. 站台门方孔钥匙操作规程

(1)功能介绍

方孔钥匙是站台门系统进行手动操作使用的工具,使用此工具可以打开端门、应急门、滑动门、滑动门侧盒以及屏蔽门前盖板。方孔钥匙外观为 T 型,有两个钥匙端头,一个钥匙扣孔位;两个钥匙端头分 A 端和 B 端,端头内部是方形,A 端外形是圆形,可以打开滑动门、滑动门侧盒以及屏蔽门前盖板;可以打开 B 端外面有两个对称的突出耳朵,用来转动钥匙解锁后用力拉,打开应急门或端门,方孔钥匙外观如图 4.1 所示。

(2)操作说明

①滑动门和滑动门侧盒,使用方孔钥匙的 A 端进行解锁,左扇门体逆时针旋转 90°,右扇门体顺时针旋转 90°进行解锁打开;屏蔽门前盖板使用 A 端进行解锁,顺时针旋转 90°进行解锁。

图 4.1　方孔钥匙

②端门和应急门使用方孔钥匙的 B 端进行解锁,左扇门体逆时针旋转 90°,右扇门体顺时针旋转 90°,然后用力将门体拉开。

(3)注意事项

①方孔钥匙只有车站客运人员和站台门专业人员有权使用,其他人员不得使用,也不得外借。

②端门和应急门必须使用方孔钥匙的 B 端进行解锁打开,严禁使用 A 端。

③无行调允许命令,严禁打开滑动门和应急门。

4. LCB 操作规程

(1)功能介绍

每道滑动门设置一个就地控制盒,安装在滑动门左侧盒内,用于控制单道滑动门。包含一个金属壳体、一个四位置钥匙转换开关和一个指示灯。

①自动位,单道滑动门打至此模式时,执行信号、就地控制盘 PSL 或者综合后备盘 IBP 发来的控制命令。

②隔离位,单道滑动门打至此模式时,该滑动门的门控单元 DCU 电源被切断,绿色指示灯熄灭,用于站台门专业维修时使用。单个滑动门 LCB 打至"隔离"位置,该道滑动门门扇如果关闭,则该道滑动门安全回路闭合;如果该道滑动门门扇未完全关闭,则该道滑动门安全回路断开。

③手动关门位,单道滑动门屏蔽来自信号系统、就地控制盘 PSL 或者综合后备盘 IBP 控制命令。滑动门 LCB 打至"手动关门"位置,打开的滑动门会进行关闭过程,关闭的滑动门则无变化。滑动门 LCB 打至"手动关门"位置,此道滑动门不进入安全回路。

④手动开门位,单道滑动门屏蔽来自信号系统、就地控制盘 PSL 或者综合后备盘 IBP 控制命令。滑动门 LCB 打至"手动开门"位置,关闭的滑动门会进行开门过程。滑动门 LCB 打至"手动开门"位置,此道滑动门不进入安全回路。

(2)操作说明

正常状态下,所有滑动门 LCB 均在"自动"位置,即图 4.2 所示位置顺时针旋转 90°。

①隔离操作:LCB 打至隔离位置,如图 4.2 所示位置,即为隔离。

②自动操作:从图 4.2 所示位置,顺时针旋转 90°。

③手动关门操作:从图 4.2 所示位置,顺时针旋转 180°。

图 4.2　就地控制盒 LCB

④手动开门操作:从图 4.2 所示位置,顺时针旋转 270°。

（3）注意事项

①运营期间,无特殊情况,禁止操作 LCB;运营结束后,行调允许后方可操作 LCB。

②钥匙不能从"隔离"位置直接打至"手动开门"位置,也不能从"手动开门"位置直接打至"隔离"位置,为保护设备的良好,请注意旋转方向。

③LCB 钥匙只能从"隔离"位置和"自动"位置拔出钥匙,其他位置不可以强行拔出。

④LCB 操作时,相邻档位之间应略有停顿,禁止一步操作到位。

5.PSL 操作规程

（1）功能介绍

就地控制盘 PSL 位于每侧站台的头端,其中桐岭站下行站台、动车南站上行站台、新桥站下行站台、三垟湿地站上行站台、奥体中心站上行站台、机场站上行站台和双瓯大道站上行站台尾端单独有 1 套。PSL 可实现整侧滑动门开关、互锁解除和安全防护装置报警旁路等功能。PSL 设有多个指示灯,可观察关闭且锁紧、就地控制、安全防护报警等信息,PSL 操作界面如图 4.3 所示。

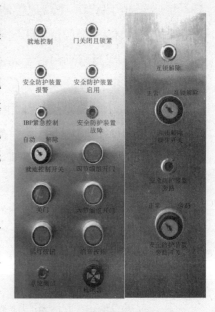

图 4.3 就地控制盘 PSL

（2）操作说明

①开门操作:将 PSL 钥匙插入就地控制开关中,打至"就地"位置,按下"四节编组开门"按钮或"六节编组开门"按钮(前期只能开四节,后两节开门功能被切除),前四节滑动门进行开门过程。

②关门操作:将 PSL 钥匙必须插入就地控制开关中且打至"就地"位置,按下"关门"按钮,前四节滑动门进行关门过程。

③试灯操作:按下"试灯按钮",所有指示灯均点亮,且蜂鸣器鸣响。

"就地控制"指示灯:PSL 就地控制开关打至"就地"位时点亮。

"门关闭且锁紧"指示灯:整侧滑动门和应急门全部关闭且锁紧时点亮。

"IBP 紧制控制"指示灯:IBP 盘使能开关打至"允许"位时点亮。

"安全防护装置启用"指示灯:所有滑动门和应急门关闭且锁紧时,激光防护装置开始检测 5～10 s,无异常后熄灭。

"系统测试"指示灯:站台门系统进行系统测试时点亮。

"互锁解除"指示灯：互锁解除钥匙开关切换至"互锁解除"位时点亮。

"安全防护装置旁路"指示灯：安全防护装置旁路开关打至"旁路"位置时点亮。

④消音操作：当激光防护装置报警，蜂鸣器响起时，按下"消音按钮"，蜂鸣器停止鸣响。

⑤互锁解除操作：当列车接收不到"门关闭且锁紧"信号，或无法找到立即故障门体时，通过"互锁解除"开关保证列车正常进出站。首先将"就地控制开关"中的钥匙打至"就地"位置；然后将钥匙从 PSL"就地控制开关"中拔出，插入"互锁解除操作开关"钥匙中，并切换至"互锁解除"位，直至"门关闭且锁紧"信号恢复或故障门体已处理。

⑥安全装置旁路操作：当安全防护装置报警时，需将 PSL 钥匙插入"安全防护装置旁路开关"中，打至"旁路"位置。

（3）注意事项

①只有试灯操作、消音操作和安全防护装置报警旁路不需要将 PSL 就地控制开关打至"就地"位置，其他操作均需要打至"就地"位置。

②单侧滑动门和应急门故障，会影响安全回路的闭合，对上下行的列车产生影响，不能第一时间找到故障门体时，需及时在故障侧的 PSL 进行互锁解除操作。

③在 PSL 进行开门时，需要确保站台边缘无乘客，或者列车在站台停稳，防止门打开后，有乘客或物品掉落轨行区，对正常运营产生影响。

6. IBP 操作规程

（1）功能介绍

综合后备盘 IBP 可以实现对车站上下行四节、六节滑动门开关门功能，还可以观察上下行 ASD/EED 关闭且锁紧指示灯是否点亮，界面如图 4.4 所示。

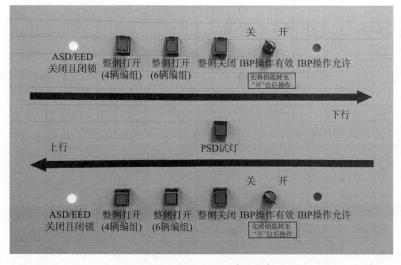

图 4.4　综合后备盘 IBP

（2）操作说明

①开门操作：将 IBP 钥匙插入"IBP 操作有效"转换开关，并打至"开"位置，按下相应侧整侧打开（4 辆编组）或整侧打开（6 辆编组）按钮，整侧滑动门打开。

②关门操作：将 IBP 钥匙插入"IBP 操作有效"转换开关，并打至"开"位置，按下相应侧整侧关闭按钮，整侧滑动门关闭。

③试灯操作：按下"PSD 试灯"按钮，"ASD/EED 关闭且锁紧"指示灯和"IBP 操作允许"指示灯点亮，用于检测指示灯是否正常。

（3）注意事项

①在 IBP 盘进行滑动门开关门时，需要首先将 IBP 钥匙打至"开"位置，否则操作无效。

②在 IBP 盘进行滑动门开门操作时，需利用 CCTV 视频监控界面、对讲机了解站台情况，避免站台无防护时滑动门打开发生意外。

③未经行调许可，禁止操作 IBP 盘。

4.4.2　灯带故障处理

灯带故障处理具体见表 4.15。

表 4.15　灯带故障处理

故障现象	原因分析	处理方法
局部不亮	灯带损坏	更换灯带
不亮	灯带损坏	更换灯带
	电源问题	检查接线情况

4.4.3　门状态指示灯（DOI）故障处理

门状态指示灯（DOI）故障处理具体见表 4.16。

表 4.16　门状态指示灯故障处理

故障现象	原因分析	处理方法
门状态指示灯常亮	对应应急门未关闭	检查应急门接近开关，调整应急门门锁位置
	门控单元输出异常	重启或更换 DCU
门状态指示灯不亮	门状态指示灯损坏	更换门状态指示灯
	接线松动、脱落	检查接线情况
	门控单元输出异常	重启或更换 DCU

4.4.4　蜂鸣器故障处理

蜂鸣器故障处理具体见表 4.17。

表 4.17　蜂鸣器故障处理

故障现象	原因分析	处理方法
蜂鸣器长鸣	DCU 控制蜂鸣器输出口损坏	更换 DCU
	蜂鸣器损坏	更换蜂鸣器
	相邻应急门行程开关问题	调整或更换行程开关

4.4.5　前盖板故障处理

前盖板故障处理具体见表 4.18。

表 4.18　前盖板故障处理

故障现象	原因分析	处理方法
无法关闭	盖板锁磨损或位置偏移	调整或更换锁钩
无法打开	盖板锁移位	调整盖板锁

4.4.6　就地控制盒(LCB)故障处理

就地控制盒(LCB)故障处理具体见表 4.19。

表 4.19　就地控制盒故障处理

故障现象	原因分析	处理方法
钥匙无法转动	锁芯内卡异物	取出异物
	开关本身损坏	更换 LCB
操作 LCB 无效	开关触点损坏	更换 LCB
	接线问题	测量相关线束电压,对异常处重新插入并紧固,断裂处重新连接并做绝缘处理

4.4.7　滑动门玻璃碎裂故障处理

(1)如滑动门玻璃碎裂后散落在站台上,工作人员应立即清扫玻璃颗粒。

(2)如滑动门玻璃出现裂纹,工作人员应使用黑黄胶带对已经爆裂的玻璃进行张贴,避免碎玻璃散落。

(3)如果是地下车站,工作人员需要将此道滑动门 LCB 打至"手动开",辅助破碎门体泄放压力。

(4)工作人员设置防护并设专人监护。

(5)到达现场的抢修人员向工区、车站、生产调度汇报门体碎裂具体情况。

(6)工区紧急办理临时补修计划或日补充作业计划,并联系汽车运输备件。

(7)准备门体备件和各类安装工具、辅助材料。

(8)组织抢修人员更换此滑动门,经过反复调试运行确认此门运行正常。

(9)向车站、生产调度汇报抢修完成情况。

4.4.8　应急门玻璃碎裂故障处理

(1)如应急门玻璃碎裂后散落在站台上,工作人员应立即清扫玻璃颗粒。

(2)如应急门出现裂纹,工作人员应使用黑黄胶带对已经爆裂的玻璃进行张贴,避免碎玻璃散落。

(3)工作人员检查确认应急门处于锁紧状态。

(4)工作人员设置防护并设专人进行监护。

(5)到达现场的抢修人员向工区、车站、生产调度汇报门体碎裂具体情况。

(6)工区紧急办理临时补修计划或日补充作业计划,并联系汽车运输备件。

(7)准备应急门门体备件和各安装工具、辅助材料。

(8)组织抢修人员更换此应急门,经过反复调试检测,确认此门启闭正常。

(9)向车站、生产调度汇报抢修完成情况。

4.4.9　端门玻璃碎裂故障处理

(1)如端门玻璃碎裂后散落在站台上,工作人员应立即清扫玻璃颗粒。

(2)如端门玻璃出现裂纹,工作人员应使用黑黄胶带对已经爆裂的玻璃进行张贴,避免碎玻璃散落。

(3)把此端门打开至全开状态,辅助门体泄放压力。

(4)工作人员设置防护并设专人进行监护。

(5)到达现场的抢修人员向工区、车站、生产调度汇报门体碎裂具体情况。

(6)工区紧急办理临时补修计划或日补充作业计划,并联系汽车运输备件。

(7)准备端门门体备件并运送到车站现场,准备安装工具和各类辅助材料。

(8)组织抢修人员并办理施工请点,设专职安全员进行防护。

(9)立即更换此端门,反复调试检测安装的端门,确认此门启闭正常。

(10)司机手推门处设置防护并设专人监护,更换作业在夜间进行。

(11)司机手推门更换程序与端门相同。

(12)向车站、生产调度汇报抢修完成情况。

4.4.10　固定门玻璃碎裂故障处理

(1)如固定门玻璃碎裂后散落在站台上,工作人员应立即清扫玻璃颗粒。

(2)如固定门玻璃出现裂纹,工作人员应使用黑黄胶带对已经爆裂的玻璃进行张贴,避免碎玻璃散落。

(3)车站人员可以操作邻近的两侧滑动门模式开关转换到隔离位置并打开两道滑动门,辅助破碎门体泄放压力。

(4)车站人员在固定门和两侧滑动门处设置防护并设专人监护。

(5)到达现场的抢修人员向工区、车站、生产调度汇报门体碎裂具体情况。

(6)工区紧急办理临时补修计划或日补充作业计划,并联系汽车运输备件。

(7)准备固定门门体备件和各安装工具、辅助材料。

(8)组织抢修人员更换此固定门,经过反复调整测试,确认此门安装牢固正常。

(9)向车站、生产调度汇报抢修完成情况。

4.4.11　单个滑动门无法开/关门故障处理

(1)组织故障处理人员,准备工具材料。

(2)故障处理人员到达现场后向工区和生产调度汇报故障滑动门的具体情况。

(3)初步判断故障原因,采取临时措施,并申报日补充或临时补修计划。

(4)作业点修复故障滑动门,调试确认正常运行。

(5)LCB 和 PSL 开关门测试,确认此门能够自动开/关门。

(6)向车站、生产调度汇报滑动门故障修复情况。

4.4.12　单个应急门无法关闭故障处理

(1)工作人员立即通知车站行车值班员和值班站长安排专人在故障应急门前进行防护,并在抢修人员未到达站台现场前,安排专人在端门外 PSL 盘处配合列车司机操作互锁解除。

(2)到达现场的工区人员向工区、车站和生产调度汇报故障滑动门的具体情况。

(3)工区组织抢修人员和工具材料迅速赶赴车站现场。

(4)抢修人员在现场需固定好应急门,以防止活塞风破坏应急门。

(5)向生产调度汇报应急门故障情况,请示是否立即请点维修。

(6)确认立即请点维修时,办理施工登记手续,设专职安全员在车控室进行安全防护。

(7)工区设置防护栏和警示标语,并设专职安全员监护。

(8)接到安全员通知有列车即将进站,抢修人员立即停止作业,防护好应急门。

(9)应急门维修完成后,要反复进行开关门调试,确认正常并关闭此门。

(10)向生产调度汇报应急门抢修情况。

(11)撤离现场的工具材料和防护设施,并在车站办理销点手续。

(12)确认不能立即维修时,向车站和生产调度汇报应急门故障情况。

(13)需要固定好应急门,以防活塞风破坏应急门。

(14)把此应急门的门状态行程开关用专用压条压紧,使安全回路保持闭合。

(15)车站安排站台人员在现场防护。

(16)申报日补充或临时补修计划。

(17)组织抢修人员和准备各类工具、辅助材料。

(18)夜间执行临时施工作业令,全面维修故障应急门。

(19)应急门维修完成后,进行反复开关门调试,确认正常后关闭此门。

(20)向车站、生产调度汇报应急门抢修完成情况。

4.4.13　单个滑动门遇障碍物无法关闭故障处理

(1)工区接到生产调度报修电话。

(2)工区组织抢修人员和准备工具材料迅速赶赴车站现场。

(3)在车控室办理登记施工手续。

(4)清除障碍物后将模式开关打到手动位置,如操作正常,关闭此门后转到自动运行位置。

(5)如果此障碍物夹在门槛滑槽中或在滑动门与固定门之间不能清除时,应把此滑动门 LCB 转换到"手动关"位置。

(6)车站人员张贴警示标识,安排人员在故障门处设置安全防护。

(7)工区向车站和生产调度汇报此滑动门遇障碍物情况。

(8)初步判断故障原因,并申报日补充或临时补修计划。

(9)组织抢修人员和准备各类工具材料。

(10)在车站办理施工手续后,进行故障处理。

(11)恢复安装调整后,操作就地控制盒(LCB),检测确认开关门正常,关闭此门后转到"自动"位置。

(12)向车站、生产调度汇报清除障碍物完成情况。

4.4.14　上行或下行单元控制器(PEDC)故障处理

(1)工区接到生产调度报修电话。

(2)组织抢修人员和准备各类工具材料迅速赶赴车站现场。

(3)在车站办理施工登记手续。

(4)在设备室中央控制盘(PSC)上查明 PEDC 故障是否为硬件故障。

(5)确认是 PEDC 硬件故障,申报日补充或临时补修计划,晚上更换 PEDC。

(6)修复完成后,观察两列车进出站,整侧滑动门开关门正常,确认 PEDC 正常工作。

(7)向车站、生产调度汇报故障处理情况。

4.4.15　驱动电源失电故障处理

(1)工区接到生产调度报修电话。

(2)组织抢修人员和准备各类工具材料并立即赶赴车站现场。

(3)向生产调度紧急请示临时作业许可,在车控室办理施工登记手续。

(4)在安全门控制室切断驱动电源各路输出开关。

(5)用万用表检测驱动电源的开关和隔离变压器等输入输出电压情况,迅速查找失电故障原因,并排除故障。

(6)恢复送电前,联系车站行车值班员确认站台没有列车或列车进站情况。

(7)通知站台站务人员、保安和安全防护人员维持乘客秩序,防止滑动门突然关闭而造成的人身伤害。

(8)送电后,抢修人员反复在就地控制盘(PSL)上操作开关门三次以上,检测确认所有滑动门运行状态正常。

(9)恢复到自动运行位置,再完成三次开关门后确认运行正常。

(10)向车站、生产调度汇报故障处理情况。

4.4.16　安全回路故障,列车无法正常驶离车站或进入车站故障处理

(1)工区接到生产调度报修电话。

(2)组织抢修人员和各类工具材料迅速赶赴车站现场。

(3)在车控室办理施工登记手续。

(4)设置专职安全人员在站台现场和车控室监督防护安全情况,及时通知列车进出站信息。

(5)合理安排人员分工,分布在站台和设备室相互配合,查询站台门 PSC 监控盘,找出故障点位。

(6)在站台用钥匙切换模式开关位置,检查滑动门安全回路通断情况。

(7)如果查明某道门安全回路故障后立即处理排除。

（8）如果查明是设备室中央控制盘（PSC）内安全回路继电器等故障，立即处理排除。

（9）转换模式到自动位置，观察两列车进出站正常开关门后，确认安全回路恢复正常。

（10）向车站、生产调度汇报故障处理完成情况。

4.4.17　设备柜故障处理

设备柜故障处理具体见表4.20。

表 4.20　设备柜故障处理

故障现象	原因分析	处理方法
监控信息丢失	系统问题	重启监控软件
	工控机死机	重启工控机
	接线松动	重新接线并紧固
指示灯不亮	指示灯损坏	更换指示灯
	接线问题	重新接线并紧固
蜂鸣器鸣叫	空开跳闸或其他开关被关掉	检查各开关闭合情况并打开
	接线总线故障	检查接线
监控界面黑屏	市电断电，UPS投入使用	检查双切电源箱下段是否有电，若有，检查设备供电线路；若无，检查电源供电情况
	睡眠模式有问题	修改电源和睡眠模式
LCD无显示	显示器断电	检查接线
	显示器损坏	更换显示器

4.4.18　安全防护装置报警故障处理

（1）工区接到生产调度报修电话。

（2）组织抢修人员和各类工具材料迅速赶赴车站现场。

（3）在车控室办理施工登记手续。

（4）安排人员在站台现场做安全防护、注意列车进出站等信息。

（5）合理安排人员分工，分布在站台和设备室相互配合，调取站台门PSC柜工控机数据，查询故障信息。

（6）随后前往站台，检查安全防护报警信息，确认是有东西遮挡光幕、安全防护装置镜片有水雾还是激光镜片偏移等。

（7）如果确认是有东西遮挡光幕或者是安全防护装置镜片有水雾，车站和行调同意后，利用行车间隔进行处理，如果因中雨及以上引起，则向行调申请将安全防护装置断电，待天气好转后再申请恢复。如果是因为激光镜片偏移原因引起，则提报日补充计划或临时补修计划进行调光处理。

(8)故障处理完毕后,需要观察一段时间或测试几次,直至确认安全防护装置完全恢复正常后,通知生产调度和车站。

4.4.19　ATS 显示站台门报警故障处理

(1)工区接到生产调度报修电话。

(2)组织抢修人员和各类工具材料迅速赶赴车站现场。

(3)在车控室办理施工登记手续。

(4)安排人员调取站台门 PSC 柜工控机数据,查询站台门安全回路、安全防护装置、滑动门和应急门后台运行数据,查看有无故障和异常信息。

(5)根据工控机查询结果,经调度和车站同意后,前往现场检查故障或异常设备。

(6)根据检查结果,判断该故障是否可以立即维修处理,可维修处理的经调度和车站同意后,利用行车间隔处理;不能立即维修处理的,可采取临时处置措施,使其不影响后续列车的正常运行,提报日补充计划或临时补修计划,当晚运营结束后进行处理。

(7)故障处理完毕后,需要观察一段时间或测试几次,直至确认 ATS 显示恢复正常后,通知生产调度和车站。

第5章 ▶ 机电系统通用维修工具与仪器仪表使用

　　城市轨道交通机电设备检修维护人员专用仪器仪表的正确使用方法是作为机电工岗位日常维护、测试中必须掌握的必要技能。专用机电专业仪器仪表的作用是定量测量设备的各种运用指标或是定性判断设备的使用状态。本章列出了机电工岗位日常使用的常用仪器仪表,并对它们的使用方法予以简要介绍。

5.1　常用维修工具

5.1.1　验电笔

　　验电笔也称验电器,俗称电笔,它是用来检测导线、电器和电气设备的金属外壳是否带电的一种电工工具,如图 5.1 所示。

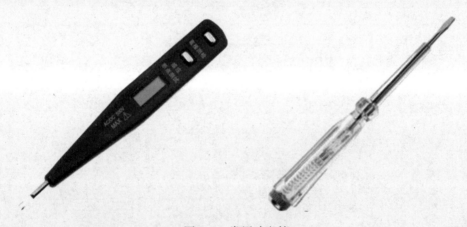

图 5.1　常用验电笔

　　根据外形来分,验电笔分为钢笔式和螺丝刀式两种;根据测量电压的不同,验电笔可分为低压验电笔和高压验电笔,低压验电笔的测量范围在 50～250 V 之间。

　　低压验电笔的使用方法及注意事项:使用验电笔时,以中指和拇指持验电笔笔身,食指接触笔尾金属体或笔挂。当带电体与接地之间电位差大于 50 V 时,氖泡产生辉光,证明有电。人手接触验电笔部位一定要在验电笔的金属笔盖或者笔挂,绝对不能接触验电笔的笔尖金属体,以免触电。

5.1.2 螺丝刀

1. 使用方法

螺丝刀的使用方法如图 5.2 所示。

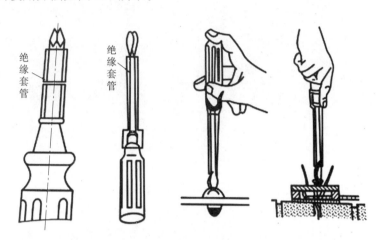

图 5.2 螺丝刀的使用方法

2. 使用注意事项

(1)带电作业时,手不可触及螺丝刀的金属杆,以免发生触电事故。

(2)不应使用金属杆直通握柄顶部的螺丝刀。

(3)为防止金属杆触到人体或邻近带电体,金属杆应套上绝缘管。

5.1.3 活动扳手

1. 使用方法

活动扳手的使用方法如图 5.3 所示。

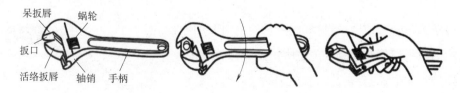

图 5.3 活动扳手的使用方法

2. 使用注意事项

(1)活动扳手不可反用,以免损坏活动扳唇。

(2)不可用加力杆接长手柄加大扳拧力矩。

(3)不得当作撬棒和手锤使用。

5.1.4 钢丝钳

1. 使用方法

钢丝钳的使用方法如图 5.4 所示。

图 5.4　钢丝钳的使用方法

2. 使用注意事项

(1)使用前,应检查钢丝钳绝缘是否良好,以免带电作业,造成触电事故。

(2)在带电剪切导线时,不得用刀口同时剪切不同电位的两根线(如相线与零线、相线与相线等),以免发生短路事故。

5.1.5 尖嘴钳

尖嘴钳的头部很尖,适用于狭小的作业空间。钳柄有铁柄和绝缘柄两种。绝缘柄主要用于切断和弯曲细小的导线、金属丝,夹持小螺钉、垫圈及导线等元件,还能将导线端头弯曲成所需的各种形状,如图 5.5 所示。

图 5.5　尖嘴钳

5.1.6 斜口钳

斜口钳的钳柄有铁柄、管柄和绝缘柄 3 种,电工用带绝缘柄的短斜口线钳,如图 5.6 所示。斜口钳主要用于剪断较粗的电线、金属及导线电缆。

5.1.7 剥线钳

剥线钳是剥削小直径导线绝缘层的专用工具,如图 5.7 所示。

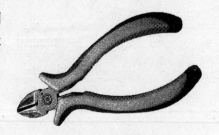

图 5.6　斜口钳

图 5.7　剥线钳

使用方法：使用时，将要剥削的绝缘层长度用标尺定好后，把导线放入相应的剥线钳刃口中（比导线直径稍大），用手将钳柄握紧，导线的绝缘层即被割破，然后剥离绝缘层。

5.1.8　压 接 钳

压接钳是连接导线与端头的常用工具。采用压接的连接方式，施工方便，接触电阻比较小，牢固可靠。根据压接导线和压接套管的截面积不同，来选择不同规格的压接钳，压接钳的外形结构如图 5.8 所示。

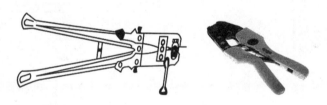

图 5.8　压接钳

5.1.9　玻璃吸盘

玻璃吸盘如图 5.9 所示。

使用方法：

（1）用干净的软布擦去不锈钢、瓷砖、玻璃等吸附面上的灰尘、污垢、油污等，安装前必须让吸附面完全干燥。

（2）按住吸盘的中心部位，朝吸附面用力压紧，并将吸盘里的空气排掉。

（3）按住吸盘并将吸盘柄压下，使吸盘更牢固地吸附在吸附面上。

图 5.9　玻璃吸盘

5.2 常用仪器仪表

5.2.1 数字万用表

数字万用表是用于诊断基本故障的便携式装置,主要功能就是对电气设备的电压、电流和电阻及二极管进行测量。

1. 电压的测量

将数字万用表调整为电压挡的适当量程,万用表并联在电路中。"$\overline{V}$"表示直流电压挡,"$\tilde{V}$"表示交流电压挡;电压数值可以直接从显示屏上读取,如图 5.10 所示。

2. 电流的测量

将数字万用表调整为电流挡的适当量程,万用表串联在电路中。"$\overline{A}$"表示直流电流挡,"$\tilde{A}$"表示交流电流挡;数值可以直接从显示屏上读取,如图 5.11 所示。

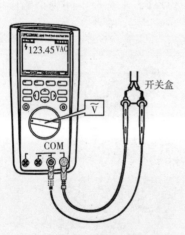

图 5.10　万用表电压测量示意

图 5.11　万用表电流测量示意

需要特别指出的是,如果误用数字万用表的电流挡测量电压,很容易将万用表烧坏。因此,在先测电流,再测电压时,要格外小心,注意随即改变转盘和表笔的位置。

3. 电阻的测量

将数字万用表调到欧姆挡"Ω"并选择适当量程,万用表与被测电阻并联,待接触良好时,读取数值,如图 5.12 所示。

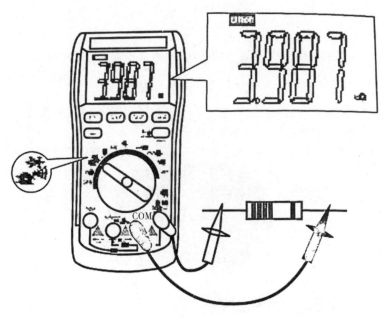

图 5.12　万用表电阻测量示意

4. 二极管的测量

将数字万用表调到二极管挡,用红表笔接二极管的正极,黑表笔接负极,两表笔与被测二极管并联,这时会显示二极管的正向压降;利用二极管挡测对地阻值,判断电路是否开路、短路,如图 5.13 所示。

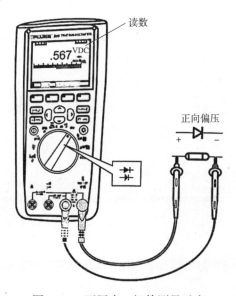

图 5.13　万用表二极管测量示意

5.2.2 兆欧表

兆欧表是专供用来检测电气设备、供电线路的绝缘电阻的一种便携式仪表。电气设备绝缘性能,关系到电气设备的正常运行和操作人员的人身安全。为了防止绝缘材料由于发热、受潮、污染、老化等原因造成损坏,同时,也为便于检查修复后的设备绝缘性能是否达到规定的要求,都需要经常测量电气设备的绝缘电阻,如图5.14所示。

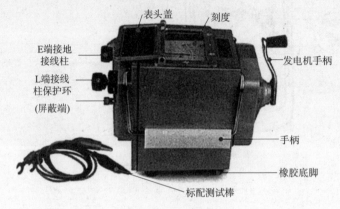

图 5.14 兆欧表

1. 兆欧表的接线

(1)兆欧表有3个接线端钮,分别标有L(线路)、E(接地)和G(屏蔽)。

(2)当测量电力设备对地的绝缘电阻时,应将L接到被测设备上,E可靠接地即可。

2. 兆欧表的检测

(1)开路试验。在兆欧表未接通被测电阻之前,摇动手柄,使发电机达到120 r/min的额定转速,观察指针是否指在标度尺"∞"的位置。

(2)短路试验。将端钮L和E短接,缓慢摇动手柄,观察指针是否指在标度尺的"0"位置。兆欧表检测如图5.15所示。

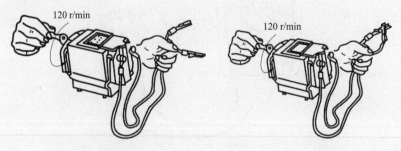

(a)开路试验   (b)短路试验

图 5.15 兆欧表检测示意

3. 兆欧表使用注意事项

(1)观测被测设备和线路是否在停电的状态下进行测量；兆欧表与被测设备之间的连接导线不能用双股绝缘线或绞线，应用单股线分开、单独连接。

(2)将被测设备与兆欧表正确接线。摇动手柄时，应由慢渐快至额定转速 120 r/min。

(3)正确读取被测绝缘电阻值。同时，还应记录测量时的温度、湿度、被测设备的状况等，以便于分析测量结果。

(4)兆欧表未停止转动之前或被测设备未放电之前，严禁用手触及兆欧表，防止人身触电。

5.2.3　钳形电流表

使用钳形电流表可直接测量交流电路的电流，不需断开电路。

钳形电流表外形结构如图 5.16 所示。测量部分主要由一个电磁式电流表和穿心式电流互感器组成。穿心式电流互感器铁心做成活动开口，且成钳形。

图 5.16　钳形电流表

1. 钳形电流表的原理

当被测载流导线中有交变电流通过时,交流电流的磁通在互感器副绕组中感应出电流。该电流被电流表转化成数字信号,在钳形电流表的表盘上可读出被测电流值。

2. 钳形电流表的使用方法及注意事项

(1)测量前,应检查读数是否为零,如不为零,则应进行调整。

(2)测量时,量程选择旋钮应置于适当位置,将被测导线置于钳口内中心位置,以减少测量误差。

(3)如果被测电路电流太小,可将被测载流导线在钳口部分的铁芯上缠绕几圈再测量,然后将读数除以穿入钳口内导线的根数,即为实际电流值。

(4)钳形电流表只能测量单一线路的电流,测量三相电流时要分别测量。

(5)使用钳形电流表测量时,要注意与带电体保持足够的安全距离,避免发生触电事故。

(6)钳形电流表用完后,应关闭电源,置于通风阴凉处。